高素质农民培训系列教材

小龙虾高效养殖实用技术

胡志刚　倪德华　金小燕　主编

U0272222

中国农业科学技术出版社

图书在版编目（CIP）数据

小龙虾高效养殖实用技术／胡志刚，倪德华，金小燕主编. —北京：中国农业科学技术出版社，2020.9

ISBN 978-7-5116-4903-4

Ⅰ. ①小… Ⅱ. ①胡… ②倪… ③金… Ⅲ. ①龙虾科–淡水养殖 Ⅳ. ①S966.12

中国版本图书馆 CIP 数据核字（2020）第 138399 号

责任编辑	崔改泵　张诗瑶
责任校对	李向荣

出 版 者	中国农业科学技术出版社
	北京市中关村南大街 12 号　邮编：100081
电　　话	(010)82109194(出版中心)　(010)82109702(发行部)
	(010)82109709(读者服务部)
传　　真	(010)82109698
网　　址	http：//www.castp.cn
经 销 者	各地新华书店
印 刷 者	北京富泰印刷有限责任公司
开　　本	850mm×1 168mm　1/32
印　　张	6
字　　数	173 千字
版　　次	2020 年 9 月第 1 版　2020 年 9 月第 1 次印刷
定　　价	35.00 元

前　言

　　近年来，小龙虾产业呈现爆发式增长，消费市场异常"火爆"，被称为夜宵界的"网红"。小龙虾产业逐步形成了集苗种繁育、健康养殖、加工流通、餐饮和节庆于一体的完整产业链。

　　本书共 8 章，内容包括：小龙虾概述、小龙虾形态特征及习性、小龙虾营养与饲料、小龙虾苗种养殖、小龙虾成虾养殖技术、小龙虾生态养殖、小龙虾捕捞与运输、小龙虾病害防治。本书具有内容丰富、语言通俗、科学实用等特点。

　　由于编者水平有限，经验不足，书中难免会出现错误，望广大读者给予指正。

编　者

目 录

第一章　小龙虾概述

第一节　小龙虾养殖概况

一、小龙虾概况

小龙虾属于节肢动物门（Arthropoda）、甲壳纲（Crustacea）、软甲亚纲（Malacostraca）、十足目（Decapoda）、螯虾科（Cambaridae）、螯虾亚科（Cambarinae）、原螯虾属（*Procambarus*）中的经济虾类的称呼，克氏原螯虾（*Procambarus clarkii*）是其中最具渔业经济价值的一种。在我国不同地区还有很多地方名，如蝲蛄、螯虾、淡水小龙虾、龙虾等。小龙虾原产美国南部和墨西哥北部，20世纪初作为牛蛙饵料被由美国移殖到日本本州，20世纪30年代末又被从日本引入中国，在江苏省南京市和安徽省滁县附近地区生长繁殖，后沿长江流域自然扩散，20世纪80年代至90年代初人们将其作为养殖对象引至异地。现已分布于我国20多个省（自治区、直辖市），在有些地方已成为一些湖泊和沟渠的优势种群。

二、小龙虾的价值

1. 小龙虾的营养价值

小龙虾是含高蛋白、低脂肪、低热量的优质水产品，其肉质松软，易消化，对身体虚弱以及病后需要调养的人是极好的食物。每100克可食部分中含蛋白质18.6克，脂肪1.6克，糖类0.8克，富含维生素A、维生素C、维生素D，钾、铁、钙、磷、钠、镁等矿物质元素含量丰富。特别是占体重5%左右的小龙虾肝胰腺（俗称虾黄），则更是味道鲜美。小龙虾含有人体所需要的8种氨基酸，氨基酸组成优于畜禽肉，不但包括异亮氨酸、色氨酸、赖氨酸、苯丙氨酸、苏氨酸等，而且还含有一般脊椎动物没有的精氨酸。红壳小龙虾的肉质中蛋白质含量明显高于青壳虾，而脂肪含量比青壳虾要低一些。虾黄中含有丰富的不饱和脂肪酸、蛋白质、游离氨基酸、维生素、微量元素等；其中，氨基酸的种类比较齐全、含量高，可食部位比一般畜禽肉和一般河虾多，同海虾相近，甚至有的氨基酸含量比海虾的还要高。不可食部位也含有大量游离氨基酸，特别是头胸部中游离氨基酸含量相当丰富。

2. 小龙虾的药用价值

小龙虾有很好的食疗作用，虾肉质中几种主要微量元素锰、铁、锌、硒以及对提高机体自身免疫有益的金属元素锗和常量元素钙的含量也比海虾和河虾的高。从总体上来说微量元素主要富集在头壳中，尤其是钙和锰在头壳中的含量相当高。头壳中的含钙量约是肉质部的53倍，含锰量大约是6倍。从成分来看，小龙虾肉质的营养价值很高。占全虾质量86.1%的头壳中，也包含了全虾约80%的游离氨基酸和90%以上的微量元素。小龙虾与其他虾类相比，锰、铁、锌、钙等含量较高。小龙虾中含有丰富的镁，镁对心脏活动具有重要的调节作用，能很好地保护心血管系统，也可以减少血液中胆固醇含量，防止动脉硬化，还能扩张冠状动脉，有利于预防高血压及心肌梗死。小龙虾中富含与刺激抗毒素的合成、提高机体免疫力和抵抗疾病能力密切相关的硒和锗，是其他食材很难相比的。

小龙虾体内含有较多的肌球蛋白和副肌球蛋白，具有很好的补肾、壮阳、滋阴、健胃的功能。经常食用不仅可以使人体神经与肌肉保持兴奋、提高运动耐力，而且还能抗疲劳，防治多种疾病。小龙虾具有较强的通乳作用，但不宜与含鞣酸的水果同食，如葡萄、石榴、山楂等，同食不仅会降低蛋白质营养价值，鞣酸和钙离子结合形成不溶性结合物，还会刺激肠胃，引起人体不适，出现呕吐、头晕和腹痛腹泻等症状。小龙虾壳可以入药，它对多种疾病均有疗效，将蟹、虾壳和栀子籽焙成粉末，可治疗神经痛、风湿、小儿麻痹、癫痫、胃病及妇科病等，能化痰止咳，促进手术后的伤口愈合，美国还利用龙虾壳制造止血药。

3. 小龙虾的工业价值

虾头和虾壳含有 20% 的甲壳质，经过加工处理能制成可溶性甲壳质和壳聚糖，广泛应用于食品、医药和化工等行业。虾头、虾壳晒干粉碎后，还是很好的动物性饲料。从小龙虾的甲壳里提取的甲壳质被欧美学术界称之为继蛋白质、脂肪、糖类、维生素、矿物质五大生命要素之后的第六大生命要素，可用于治疗糖尿病、高血脂等，是 21 世纪医疗保健品的发展方向之一。小龙虾比其他虾类含有更多的铁、钙和胡萝卜素，这也是龙虾壳比其他虾壳更红的原因，目前已经有工厂开始利用小龙虾壳提取胡萝卜素。甲壳质及其衍生物在食品、医药、轻工、饲料、农业、环保和日用化妆品等方面用途广泛，虾头和虾壳的开发利用大有潜力，应充分重视这一宝贵资源，变废为宝。

第二节　小龙虾分类与分布

全世界共有淡水小龙虾 500 多种，绝大部分种生活在淡水里，少数一些种生活在黑海与里海的半咸水中，是典型的北半球温带内陆水域动物，分 3 个科（蟹虾科 Astacidae、螯虾科 Cambaridae、拟螯虾科 Parastacidae），12 个属。北美洲是小龙虾分布最多的大陆，分布在北美洲的有 2 个科（蟹虾科、螯虾科），362 个种和亚种；其次为大洋洲，有 110 多个种，仅澳大利亚就有 97 个种；欧洲有 16 个种；南美洲有 8 个种；亚洲有 7 个种，分布在西亚以及我国、朝鲜、日本等地。

本书介绍的小龙虾学名克氏原螯虾（*Procambarus clarkii*），是淡水类螯虾，在分类上属动物界（Animalia）、节肢动物门

（Arthropoda）、甲壳纲（Crustacea）、十足目（Decapoda）、爬行亚目（Reptantia）、螯虾科（Cambaridae）、原螯虾属（*Procambarui*）。

　　小龙虾最初只分布在墨西哥东北部和美国中南部。随着人类和其他因素的影响，小龙虾逐渐扩散到美国至少 15 个州。现在在非洲、亚洲、欧洲以及南美洲，小龙虾已是常见动物了。小龙虾于 1918 年被移殖到日本的本州岛，于 20 世纪 30 年代由日本引进我国，起初在江苏南京及其郊县繁衍，随着自然种群的扩展和人工养殖的开展，现已广泛分布于我国的新疆（新疆维吾尔自治区，简称新疆，全书同）、甘肃、宁夏（宁夏回族自治区，简称宁夏，全书同）、内蒙古（内蒙古自治区，简称内蒙古，全书同）、山西、陕西、河南、河北、天津、北京、辽宁、山东、江苏、上海、安徽、浙江、江西、湖南、湖北、重庆、四川、贵州、云南、广西（广西壮族自治区，简称广西，全书同）、广东、福建及海南等 20 多个省（自治区、直辖市），成为我国重要的水产资源。目前我国已成为小龙虾的养殖大国和出口大国，引起世界各国的关注。

第二章 小龙虾形态特征及习性

第一节 小龙虾形态特征

一、外部形态

小龙虾体表具坚硬的外骨骼。体形粗短，左右对称，整个身体由头胸部和腹部两部分组成，头部和胸部粗大完整，且完全愈合，是一个整体，称为头胸部，其前端有一额角，呈三角形。额角表面中间凹陷，两侧隆脊，具有锯齿状尖齿，尖端锐刺状。头胸甲中部有两条弧形的颈沟，组成一倒"人"字形，两侧具粗糙颗粒。腹部与头胸部明显分开，分为头胸部和腹部。小龙虾全身由 21 个体节组成，除尾节无附肢外共有附肢 19 对，其中头部 5 对，胸部 8 对，腹部 6 对，尾节与第六腹节的附肢共同组成尾扇。小龙虾游泳能力甚弱，善匍匐爬行。

1. 头胸部

小龙虾的头胸部特别粗大，由头部 6 节和胸部 8 节愈合而成，外被头胸甲。头胸甲坚硬，钙化程度高，长度几乎占体长的 1/2。额剑呈三角形，光滑、扁平，中部下陷成槽状，前端尖细。额剑基部两侧各有一带眼柄的复眼，可自由转动。头胸甲背面与胸壁相连，两侧游离形成鳃腔。头胸甲背部中央有一条横沟，即颈沟，是头部与颈部的分界线。

小龙虾的头部有 5 对附肢，前 2 对为触角，细长鞭状，具感觉功能；后 3 对分别为大颚和第一、第二小颚。大颚坚硬而粗壮，内侧有基颚，形成咀嚼功能，内壁附有发达的肌肉束，利于咬切和咀嚼食物。胸部有 8 对附肢，前 3 对为颚足，后 5 对为步足。小龙虾第一步足也称螯足。

2. 腹部

小龙虾的腹部分节明显，包括尾节共 7 节，节间有膜，外骨骼通常分为背板、腹板、侧板和后侧板，尾节扁平。腹部有 6 对附肢，双肢型，称为腹肢，又称为游泳肢，但不发达。雄性个体第一、第二对腹肢变为管状交接器，雌性个体第一对腹肢退化。尾肢十分强壮，与尾柄一起合称尾扇。

3. 体色

小龙虾的全身覆盖由几丁质、石灰质等组成的坚硬甲壳，对身体起支撑、保护作用，称为"外骨骼"。性成熟个体呈暗红色或深红色，未成熟个体为青色或青褐色，有时还见蓝色。小龙虾的体色常随栖息环境不同而变化，如生活在长江中的小龙虾成熟个体呈红色，未成熟个体呈青色或青褐色；生活在水质恶化的池塘、河沟中的小龙虾成熟个体常为暗红色，未成熟个体常为褐色，甚至黑褐色。这种体色的改变是对环境的适应，具有保护作用。

二、内部形态

小龙虾属节肢动物门，体内无脊椎，整个体内分为消化系统、呼吸系统、循环系统、神经系统、生殖系统、肌肉运动系统、内分泌系统、排泄系统。

1. 消化系统

小龙虾的消化系统由口器、食管、胃、肠、肝胰脏、直肠及肛门组成。口开于大颚之间，后接食管，食管很短，呈管状。食物有口器的大颚切断咀嚼送入口中，经食管进入胃。胃膨大，分贲门胃和幽门胃两个部分，贲门胃的胃壁上有钙质齿组成的胃磨，幽门胃的内壁上有许多刚毛。食物经贲门胃进一步磨碎后，经幽门胃过滤进入肠，在头胸部的背面，肠的两侧各有一个黄色分支状的肝胰脏，肝胰脏有肝管与肠相通。肠的后段细长，位于腹部的背面，其末端为球形的直肠，通肛门，肛门开口于尾节的腹面。在胃囊内，胃外两侧各有一个白色或淡黄色，半圆形纽扣状的钙质磨石，蜕壳前期和蜕壳期较大，蜕壳间期较小，起着钙质的调节作用。

肝胰脏较大，呈黄色或暗橙色，由很多细管状构造组成，有管通中肠。肝胰脏除分泌消化酶帮助消化食物外，还具有吸收储藏营养物质的作用。

2. 呼吸系统

小龙虾的呼吸系统由鳃组成，共有鳃 17 对，在鳃室内。其中 7 对鳃较为粗大，与后 2 对颚足和 5 对胸足的基部相连，鳃为三棱形，每棱密布排列许多细小的鳃丝。其他 10 对鳃细小，薄片状，与鳃壁相连。鳃室的前部有一空隙通往前面，小龙虾呼吸时，颚足驱动水流入鳃室，水流经过鳃完成气体交换，溶解在水中的二氧化碳，通过扩散作用，进行交换，完成呼吸作用。水流的不断循环，保证了呼吸作用所需氧气的供应。

3. 循环系统

小龙虾的循环系统由肌肉质的心脏和一部分血管及许多血窦组成，为开放式系统。心脏位于头胸部背面的围心窦中，为半透明、多角形的肌肉囊，有 3 对心孔，心孔内有防止血液倒流的膜瓣。血管细小，透明。由心脏前行有动脉血管 5 条，由心脏后行有腹上动脉 1 条，由心脏下行有胸动脉 2 条。虾类无主细血管，血液由组织间隙经各小血窦，最后汇集于胸窦，再由胸窦送入鳃，经净化、吸收氧气后回到围心窦，然后再经过心脏进入下一个循环。

小龙虾的血液即是体液，为一种透明、无色的液体，由血浆和血细胞组成。血液中含血蓝素，其成分中含有铜元素，与氧气结合呈蓝色。

4. 神经系统

小龙虾的神经系统由神经节、神经和神经索组成。神经节主要有脑神经节、食道下神经节等，神经则是链接神经节通向全身，从而使小龙虾能正确感知外界环境的刺激，并迅速做出反应。小龙虾的感觉器官为第一、第二触角以及复眼和生在小触角基部的平衡囊，各司职嗅觉、触觉、视觉及平衡。现代研究证实，小龙虾的脑神经干及神经节能够分泌多种神经激素，这些神经激素起着调控小龙虾的生长、蜕壳及生殖生理过程。

5. 生殖系统

小龙虾雌雄异体，其雄性生殖系统包括精巢 3 个，输精管 1 对及位于第五步足基部的 1 对生殖突。精巢呈三叶状排列，输精管有粗细 2 根，通往第五步足的生殖孔。其雌性生殖系统包括卵巢 3 个，呈三叶状排列，输卵管 1 对通向第三对步足基部的生殖孔。小龙虾雄性的交接器和雌性的纳精囊虽不属于生殖系统，但在小龙虾的生殖过程中起着非常重要的作用。

6. 肌肉运动系统

小龙虾的肌肉运动系统由肌肉和甲壳组成，甲壳又被称为外骨骼，起着支撑的作用，在肌肉的牵动下起着运动的功能。

7. 内分泌系统

小龙虾的内分泌系统在现有资料中提到的很少，其实小龙虾是有内分泌系统的，只是它的许多内分泌腺与其他结构组合在一起。实践证明小龙虾的内分泌系统能分泌多种调控蜕壳、精（卵）细胞蛋白合成和性腺发育的激素。

8. 排泄系统

小龙虾的头部大触角基部内部有 1 对绿色腺体，腺体后有 1 个膀胱，由排泄管通向大触角的基部，并开口于体外。

第二节　小龙虾生活习性

一、栖息

小龙虾喜阴怕光，常栖息于沟渠、坑塘、湖泊、水库、稻田等淡水水域中，营地栖生活，具有较强的掘穴能力，也能在河岸、沟边、沼泽，借助螯足和尾扇，造洞穴，栖居繁殖，当光线微弱或黑暗时爬出洞穴，通常抱住水体中的水草或悬浮物，呈"睡眠"状。

受到惊吓或光线强烈时则沉入水底或躲藏于洞穴中，具有昼夜垂直运动现象。受惊或遇敌时迅速向后，弹跳躲避。小龙虾离水后，保持湿润还能生活 7~10 天。小龙虾白天潜于洞穴中，傍晚或夜间出洞觅食、寻偶。非产卵期 1 个穴中通常仅有 1 只虾，产卵季节大多雌雄成对同穴，偶尔也有一雄两雌处在同一个洞穴的现象出现。小龙虾生性喜斗，似河蟹，具有较强的领域行为。

1. 环境要求

小龙虾适应性广、对环境要求不高，无论江河、湖泊、水渠、水田和沟塘都能生存，出水后若能保持体表湿润，可在较长时间内保持鲜活，有些个体甚至可以忍受长达 4 个月的干旱环境。溶解氧是影响小龙虾生长的一个重要因素。小龙虾昼伏夜出，耗氧率昼夜变化规律非常明显，正常生长要求溶氧量在 3 毫克/升以上。在水体缺氧时，它不但可以爬上岸，还可以借助水中的漂浮物或水草将身体侧卧于水面，利用身体一侧的鳃呼吸以维持生命。养殖生产中，冲水和换水是获得高产优质商品虾的必备条件。流水可刺激小龙虾蜕壳，促进其生长；换水能减少水中悬浮物，保持水质清新，提高水体溶氧量。在这种条件下生长的小龙虾个体饱满，背甲光泽度强，腹部无污物，价格较高。

2. 水温

小龙虾生长适宜水温为 20~32℃，当温度低于 20℃或高于 32℃时，生长率下降。成虾耐高温和低温的能力比较强，能适应 40℃以上的高温和−15℃的低温。在珠江流域、长江流域和淮河流域均能自然越冬。

3. pH 值

小龙虾喜欢中性和偏碱性的水体，pH 值在 7.0~9.0 最适合其生长和繁殖。

二、行为

1. 攻击行为

小龙虾生性好斗，在饲料不足或争夺栖息洞穴时，往往出现相互搏斗现象。小龙虾个体间较强的攻击行为将导致种群内个体的死亡，引起种群扩散和繁殖障碍。有研究指出，小龙虾幼体就显示出了种内攻击行为，当幼虾体长超过 2.5 厘米时，相互残杀现象明显，在此期间如果一方是刚蜕壳的软壳虾，则很可能被对方杀死甚至吃掉。因此，人工养殖过程中应适当移植水草或在池塘中增添隐蔽物，以增加环境复杂度，减少小龙虾之间相互接触的机会。

2. 领域行为

小龙虾领域行为明显，它们会精心选择某一区域作为其领域，在该区域内进行掘洞、活动、摄食，不允许其他同类进入，只有在繁殖季节异性才能进入。在人工养殖小龙虾时，有人工洞穴的小龙虾存活率为 92.8%，无人工洞穴的对照组存活率仅为 14.5%，差异极显著。其原因主要是小龙虾领域性较强，当多个拥挤在一起的小龙虾进入彼此领域内时就会发生打斗，进而导致死亡。

3. 掘洞行为

小龙虾在冬、夏两季营穴居生活，具有很强的掘洞能力，且掘洞很深。大多数洞穴的深度在 50~80 厘米，约占测量洞穴的 70%，部分洞穴的深度超过 1 米。小龙虾的掘洞习性可能对农田、水利设施有一定影响，但到目前为止，还没有发现因淡水小龙虾掘洞而引起毁田决堤的现象。小龙虾的掘洞速度很快，尤其在放入一个新的生活环境中尤为明显。洞穴直径不定，视虾体大小有所区别，此类洞穴常为横向挖掘，然后转为纵向延伸，直到洞穴底部有水为止，在此过程中如遇水位下降，小龙虾会继续向下挖掘，直到洞穴底部有水或潮湿。小龙虾挖好洞穴后，多数都要加以覆盖，即用泥土等物堵住唯一的出入口，但在外还是能明显看到有一个洞口。小龙虾掘洞的洞口位置通常选择在水平面处，但这种选择常因水位的变化而使洞口高出或低于水平面，因而一般在水面上下 20 厘米处小龙虾洞口较多。但小龙虾掘洞的位置选择并不严格，在水上池埂、水中斜坡及浅水区的池底部都有小龙虾洞穴，较集中于水草茂盛处。

水体底质条件对小龙虾掘洞的影响较为明显，在底质有机质缺乏的沙质土，小龙虾打洞现象较多，而硬质土打洞较少。在水质较肥，底层淤泥较多，有机质丰富的条件下，小龙虾洞穴明显减少。但是，无论在何种生存环境中，在繁殖季节小龙虾打洞的数量都明显增多。

4. 趋水行为

小龙虾有很强的趋水流性，喜新水活水，逆水上溯，且喜集群生活。在养殖池中常成群聚集在进水口周围。大雨天，小龙虾可逆水流方向上岸边做短暂停留或逃逸，水中环境不适时也会爬上岸边栖息，因此养殖场地要有防逃的围栏设施。

三、食性与摄食

小龙虾的食性很杂，植物性饵料和动物性饵料均可食用，各种鲜嫩的水草，水体中的底栖动物、软体动物、大型浮游动物，各种鱼虾的尸体及同类尸体都是小龙虾的喜食饵料。在生长旺季，池塘下风处浮游植物很多的水面，能观察到小龙虾将口器置于水平面处用两只大螯不停划动水流将水面藻类送入口中的现象，表明小龙虾能够利用水中的藻类。

小龙虾的食性在不同的发育阶段稍有差异。刚孵出的幼虾以其自身存留的卵黄为营养，之后不久便摄食轮虫等小浮游动物，随着个体不断增大，摄食较大的浮游动物、底栖动物和植物碎屑。成虾兼食动物和植物，主食植物碎屑、动物尸体，也摄食水蚯蚓、摇蚊幼虫、小型甲壳类及一些其他水生昆虫。由于其游泳能力较差，在自然条件下对动物性饵料捕获的机会少，因此在小龙虾的食物组成中植物性成分占98%以上。

在养殖小龙虾时种植水草可以大大节约养殖成本。小龙虾喜爱摄食的水草有苦草、轮叶黑藻、凤眼莲、喜旱莲子草、水花生等。池中种植水草除了可以作为小龙虾的饵料外，还可以为小龙虾提供隐蔽、栖息的理想场所，同时也是小龙虾蜕壳的良好场所。

小龙虾摄食方式是用螯足捕获大型食物，撕碎后再送给第二、第三步足抱食。小型食物则直接用第二、第三步足抱住啃食。小龙虾猎取食物后，常常会迅速躲藏，或用螯足保护，以防其他虾来抢食。

小龙虾的摄食能力很强，且具有贪食、争食的习性，饵料不足或群体过大时，会有相互残杀的现象发生，尤其会出现硬壳虾残杀并吞食软壳虾的现象。小龙虾摄食多在傍晚或黎明，尤以黄昏为多，人工养殖条件下，经过一定的驯化，白天也会出来觅食。小龙虾耐饥饿能力很强，可十几天不进食，仍能正常生活。其摄食强度在适温范围内随水温的升高，摄食强度增加。摄食的最适水温为25~30℃，水温低于8℃或超过35℃摄食明显减少，甚至不摄食。

第三节　小龙虾繁殖习性

一、雌雄虾鉴别

小龙虾雌雄有所区别，主要可通过以下3种方法鉴别。

（1）雌虾的第一腹肢退化，很细小，第二腹肢正常；雄虾第一、第二腹肢变成管状较长，为淡红色，第三、第四、第五腹肢为白色。

（2）雄性的螯足比雌性的发达，性成熟的雄性螯足两端外侧有一明亮的红色软疣；成熟的雄虾在螯上有倒刺，倒刺随季节而变化，春夏交配季节倒刺长出，而秋冬季节倒刺消失，雌虾没有倒刺。

（3）同龄亲虾个体，雄虾比雌虾大。

二、繁殖季节

小龙虾性腺发育与季节变化和地理位置有很大关系。在长江流域，自然水体中的小龙虾一年中有两个产卵高峰期，一个在春季的3—5月，另一个在秋季的9—11月。秋季是小龙虾的主要产卵季节，产卵群体大，产卵期也比春季的长。

三、产卵周期

从性腺周年变化可以看出，小龙虾一年中有两个产卵群。一年中究竟是一次产卵，还是多次产卵，可以从性腺发育的组织切片中了解：当性腺发育到Ⅳ期时，基本无第二、第三时相的卵细胞，或在Ⅴ期时以第五时相的卵细胞占优势，则可以认为属一次性产卵类型。小龙虾在产卵后还有个别第三、第四时相的卵细胞，为败育细胞。卵母细胞进入恢复Ⅱ期，所以说它的两个产卵群是相互独立的，不是多次产卵类型。小龙虾在产卵后有相当一段时间的抱卵期（该时间的长短，随水温而变化），此时性腺停滞在恢复Ⅱ期。根据实验室培养结果，4月产卵的虾到10月其性腺也只发育到Ⅲ期，随着水温的降低，当年不可能第二次产卵。而秋季产卵虾同样也不可能第二次产卵。当年产出的幼虾需要生长7~8个月才能达到性成熟，也不可能当年繁殖。

一年的两个产卵群数量比较，秋季的高于春季的，产卵期也比春季的长。所以秋季是小龙虾的主要产卵季节。苏联的蒙纳斯蒂尔斯于1955年划分鱼类产卵群体的概念也适用于小龙虾："产卵群体常常是由两部分组成的：一部分是第一次性成熟的个体（称为补充群体），另一部分重复进行产卵的个体（称为剩余群体）。"从产卵个体的大小来看，春季产卵的主要是以剩余群体为主（体长通常在9.0厘米以上），秋季既有补充群体，也有相当比例的剩余群体。

Huner 在 1984 年研究了美国路易斯安那州的小龙虾后认为，一年能有两个世代产生。产卵期的开始，很大程度上受环境因素的影响，如水文周期、降水量和水温等。他认为 13℃ 以下，卵的成熟、孵化和个体的生长都严重地被抑制，水位的变动对产卵期的推迟或提前也有很大影响。舒新亚在 1991 年的研究认为：每年 8—12 月是小龙虾的产卵期，在武汉地区一年产卵一次。魏青山于 1985 年的研究也认为是 9 月达到性成熟，通常在 10 月产卵，极少数在 4—5 月上旬产卵。上述的研究结果虽说法不一，但一年有两个产卵期是基本相吻合的。

小龙虾在一年中有 7 个月左右的产卵期，性腺发育的各个阶段交互存在，早期同龄个体的大小不一等特点恐怕是对于它们的栖息地（水域和陆地交接地带）的不稳定环境（如水位、水质和水温等）的一种适应。

四、卵巢的发育分期

小龙虾因精巢的发育在外形上很难辨别，通常以卵巢为主，魏青山在 1985 年根据卵巢的外部形态、颜色和卵径的大小分为 5 期：未发育期（Ⅰ期）、发育早期（Ⅱ期）、发育期（Ⅲ期）、成熟期（Ⅳ期）、枯竭期（Ⅴ期），但他们对卵巢的分期仅凭外形判断，可能会出现与卵巢实际不符的情况。笔者根据卵巢颜色的变化，外观特征，性腺成熟系数（GSI）和组织学特征，参照李胜等人用过的分期法，把小龙虾的卵巢发育分成 7 个时期：未发育期、发育早期、卵黄发生前期、卵黄发生期、成熟期、产卵后期和恢复期。

五、交配与产卵

1. 交配

小龙虾有其特殊性，雌雄交配前，皆不蜕壳，行将交配时，互相靠近，雄虾追逐雌虾，乘其不备，将其扳倒，用第二至第五对步足抱紧雌虾头胸部，用螯足夹紧雌虾螯足，雌虾第二至第五对步足伸向前方，也被雄虾螯足夹牢，然后两虾侧卧，生殖孔紧贴，雄虾头胸昂起，交接器插入雌虾生殖孔，用其齿状突起钩紧生殖孔凹陷处，尾扇紧紧相交，在两虾腹部紧贴时，雄虾将乳白色透明的精荚射出，附着在雄虾第四和第五步足之间的纳精器中，卵通过时受精，交配时两虾神态安详。交配结束后，雄虾疲乏，远离雌虾休息，而雌虾则活跃自由，不时用步足抚摸虾体各部。小龙虾交配时间长短不一，短者仅5分钟，长者能达1小时以上，一般为10~20分钟；小龙虾有多雄交配的行为，即一只雌虾在产卵前会和多只雄虾交配，大部分雌虾有被迫交配的特征。所以，交配次数没有定数，有的仅交配1次，有的交配3~5次，每个交配的雄虾都有后代遗传，但总有一只雄虾为主导；雌虾交配间隔短者几小时，长者十几天。小龙虾的纳精囊为封闭式纳精囊，雌虾的卵母细胞要交配后才开始发育。

2. 产卵

小龙虾每年春秋为产卵季节，产卵行为均在洞穴中进行，产卵时虾体弯曲，游泳足伸向前方，不停地扇动，以接住产出的卵粒，附着在游泳足的刚毛上，卵随虾体的伸曲逐渐产出。

产卵结束后，尾扇弯曲至腹下，并展开游泳足包被，以防卵粒散失。整个产卵过程10~30分钟。小龙虾的卵为圆球形，晶莹光亮，不是直接粘在游泳足上，而是通过一个柄（也称卵柄）与游泳足相连。

刚产出的卵呈橘红色，直径1.5~2.5毫米，随着胚胎发育的进展，受精卵逐渐呈棕褐色，未受精的卵逐渐变为混浊白色，脱离虾体死亡。小龙虾每次产卵200~700粒，最多也发现有抱1 000粒卵以上的抱卵亲虾。卵粒多少与亲虾个体大小及性腺发育有关。

3. 孵化

小龙虾的胚胎发育时间较长，水温18~20℃，需30~40天，如果水温过低，孵化期最长可达2个月。亲虾在整个孵化过程中，亲虾腹部的游泳肢会不停地摆动，形成水流，保证受精卵孵化对溶解氧的需求，同时亲虾会利用第二、第三步足及时剔除未受精的卵及有病变、坏死的受精卵，保证好的受精卵孵化能顺利进行。

4. 护幼习性

刚孵出的幼体为溞状幼体，体色呈橘红色，倒挂于雌虾的附肢上；蜕壳后成 I 期幼虾，形态似成虾，小龙虾亲虾有护幼习性，刚孵出的幼虾一般不会远离雌虾，在雌虾的周围活动，一旦受到惊吓会立即重新附集到母体的游泳肢上，躲避危险。幼虾蜕壳 3 次后，才离开雌虾营独立生活。

六、生长习性

小龙虾生长速度较快，春季繁殖的虾苗，一般经 2~3 个月的饲养，就可达到规格为 8 厘米以上的商品虾。小龙虾是通过蜕壳实现生长的，蜕壳的整个过程包括蜕去旧甲壳，个体由于吸水迅速增大，然后新甲壳形成并硬化。因此，小龙虾的个体增长在外形上并不连续，呈阶梯形，每蜕一次壳，上一个台阶。小龙虾在生长过程中有青壳虾和红壳虾，青壳小龙虾是当年生的新虾，一般出现在上半年，池水深、水温低的水体较多，通常经过夏天后大部分变为红壳小龙虾。小龙虾的蜕壳与水温、营养及个体发育阶段密切相关，幼虾一般 3~5 天蜕壳一次，以后逐步延长蜕壳间隔时间，如果水温高、食物充足，则蜕壳时间间隔短，冬季低温时期一般不蜕壳。一天中小龙虾在 8—10 时蜕壳较多。

第三章　小龙虾营养与饲料

第一节　小龙虾营养需求

小龙虾在生长过程中，对食物的选择性不强，植物性饵料、动物性饵料均能摄食。传统养殖方式下主要给小龙虾投喂剩菜、动物下脚料等。小龙虾养殖在我国兴起之后，对饵料的需要量也越来越大。投喂屠宰场下脚料容易导致小龙虾疾病，同时饵料数量难以长期保持，质量也参差不齐。所以饲料成为小龙虾养殖生产的一个瓶颈，是迫切需要解决的问题。经过各大饲料厂和科研人员数年的努力，现在已经开发出一些小龙虾专用配合饲料产品，促进了小龙虾养殖的发展。

一、蛋白质

1. 蛋白质需要量

小龙虾在不同生长阶段对配合饲料中蛋白质的需要量不同。一般认为平均体长 1.5~4.0 厘米的幼虾，其配合饲料中的粗蛋白适宜含量为 39%~42%，幼虾平均日生长率和平均日增重率较好。该期生长过程中粗蛋白为第一限制因素。

体长 4~6 厘米、体重 18~19.5 克的小龙虾，饲料中粗蛋白含量为 27% 时，小龙虾的增重率、出肉率和虾黄率最高；当饲料中粗蛋白含量为 33% 时，饲料系数最低。因此，体重 18~19.5 克的小龙虾饲料中粗蛋白水平在 27%~33% 比较适合。

平均体重为 2 克以下的小龙虾饲料中粗蛋白的适宜水平为 20% 左右；2~5 克的育成前期小龙虾，饲料中粗蛋白适宜水平为

26%~30%；5~10 克的育成期小龙虾，饲料中粗蛋白适宜水平为30%~38%，平均体重为 10 克以上育成期小龙虾，饲料中粗蛋白适宜水平为 27%~33%。

2. 氨基酸需要量

小龙虾将从饲料中获取的蛋白质消化成肽、氨基酸等小分子化合物后才能最终转化为虾机体组织。组成虾机体的氨基酸中，精氨酸、组氨酸、赖氨酸、亮氨酸、异亮氨酸、蛋氨酸、苯丙氨酸、苏氨酸、色氨酸和缬氨酸为必需氨基酸。其中，赖氨酸和精氨酸有颉颃性，一般认为赖氨酸与精氨酸的比例应保持 1：1。

二、脂类及碳水化合物

脂类物质是重要的能量和必需脂肪酸来源，同时还是脂溶性维生素的载体，其中的磷脂在细胞膜结构中起重要的作用；胆固醇是各种类固醇激素的前体，具有重要的生理作用。

在脂类含量 4%~8%水平的饲料喂养下，观察 1.5 克左右小龙虾生长情况，发现脂类含量为 4%和 8%时，饲料系数较高；含量 6%时饲料系数最低。初始体重为（8.15 ± 0.03）克的小龙虾对脂肪的需求量在 7%左右。目前虾对脂类还没有一个明确的需求量，一般认为 6%~7.5%为宜，不超过 10%。同时必须注意亚油酸、亚麻酸的添加，因为二者在虾体内不能合成，是虾的必需脂肪酸。脂肪酸在促进虾体生长、变态、繁殖过程中有重要作用，高水平的高不饱和脂肪酸还能增加幼体抗逆能力，对增重的贡献大小依次为亚麻籽油、豆油、硬脂酸、椰子油、红花油。

胆固醇是虾类所必需的，这可能是甲壳动物脂肪营养最为独特的一个方面。据诸多学者对斑节对虾、长毛对虾、日本对虾等多种虾的研究结果来看，小龙虾饲料中胆固醇的添加量以 1%左右为宜。

虾饲料中需要磷脂，特别是磷脂酰胆碱，这在各种对虾如日本对虾幼体和后幼体、长毛对虾的幼虾、斑节对虾和中国对虾中已得到证明。在所报道的各种对虾中，饲料中磷脂的添加水平为

0.84%~1.25%。以此推测，小龙虾饲料中磷脂的添加量在1%左右为宜。

　　小龙虾具有较强的杂食性，不同的生长阶段对饲料营养物质消化代谢表现也不同。在幼虾期（3.5厘米）以前，偏动物食性，对饲料蛋白质、脂肪要求较高，对无机盐、糖要求较低；随着虾体的增长，逐步转为草食和肉食性，能够有效地利用碳水化合物。粗蛋白和粗脂肪皆随虾体的增长而减少；而糖的需求量则随虾体的增长而增多，幼虾期22%，育成前期26%，至育成中期增为30%。虾体内虽然存在不同活性的淀粉酶、几丁质分解酶和纤维素酶等，但其利用糖类的能力及对糖类的需要量均低于鱼类。虾饲料中糖类的适宜含量为20%~30%。研究表明，饲料中少量的纤维素有利于虾肠胃的蠕动，能减慢食物在肠道中的通过速度，有利于其他营养素的吸收利用。另据报道，认为甲壳质是虾外骨骼的主要结构成分，对虾的生长有促进作用，建议小龙虾饲料中甲壳质的最低水平为0.5%。何亚丁等研究发现，初始体重为（8.15±0.03）克的小龙虾对脂肪的需求量在7%左右，饲料中脂肪与糖类的适宜比例为1.00∶3.85。

　　因此，建议小龙虾幼虾期饲料中粗脂肪7%~8%，碳水化合物22%，脂肪与糖类的适宜比例为1.00∶3.85。育成前期粗脂肪7%~8%，碳水化合物26%，该期生长过程中混合无机盐为第一生长限制因素；育成期粗脂肪6%，糖30%，该期生长过程中粗脂肪为第一生长限制因素。

三、维生素

　　维生素是分子量很小的有机化合物，分为脂溶性维生素和水溶性维生素。绝大多数维生素是辅酶和辅基的基本成分，它参与动物体内生化反应及各种新陈代谢。动物体内缺乏维生素便引起某些酶的活性失调，导致新陈代谢紊乱，也会影响生物体内某些器官的正常功能。维生素缺乏时生长缓慢，并出现各种疾病。

　　根据相关研究结果，虾类所需要的维生素有15种，其中脂溶性维生素 4 种，水溶性维生素 11 种。关于小龙虾对维生素的需要量，收集了一些学者的研究成果，现列出，供参考。

（1）虾类饲料中各种维生素的推荐用量见表 3-1。

表 3-1　虾类饲料中各种维生素的推荐用量（毫克/千克）

种类	用量	种类	用量
维生素 B_1	50	维生素 B_{12}	0.1
维生素 B_2	40	维生素 C	1 000
维生素 B_6	5	烟酸	200
泛酸	75	维生素 E	200
生物素	1	维生素 K_3	5
胆碱	400	维生素 A	10 000（国际单位）
肌醇	300	维生素 D_3	5 000（国际单位）
叶酸	10		

（2）复合维生素（份）：维生素 C 为 24，维生素 E 为 24，维生素 A 为 238，维生素 D_3 为 135，维生素 K_3 为 1.12，维生素 B_1 为 1.12，维生素 B_2 为 1.12，维生素 B_6 为 2.4，维生素 B_{12} 为 0.02，烟酸为 4.5，叶酸为 0.6，泛酸钙为 23，肌醇为 45，生物素为 0.12。

四、无机盐类

无机盐是构成小龙虾骨骼所必需的，又是构成细胞组织不可缺少的物质。它还参与调节渗透压和酸碱度，参与辅酶代谢作用，参与造血和血色素的形成，如缺乏无机盐类，不但影响生长发育，也会引起一些疾病。

1. 常量矿物元素需要量

小龙虾对常量矿物元素的营养需要情况看，规模化养殖的小龙虾除由水中吸收一部分钙外，机体所需的大部分钙必须由饲料中获得。钙、磷是甲壳类动物的重要营养元素，对虾蟹类的生长、蜕壳和健康具有重要的意义。小龙虾的生长主要是通过蜕皮来实现的。虾壳的主要成分为钙、磷等矿物质。在蜕皮过程中会损耗大量的矿物元素，许多矿物元素必须通过饲料的补充才能满足其需要。因此，饲料中钙磷含量的不同会影响虾壳对钙、磷的吸收，从而影响其蜕壳、生长及其他物质代谢等。钙磷比对小龙虾成活率影响不显著，但对虾类的增长率和增重率影响显著。钙磷比对平均日增长率和增重率的影响优劣顺序依次为 1∶1、2∶1、3∶1、1∶2、1∶3，呈明显的规律性变化，随钙磷比的增大或减小，生长逐渐变慢。统计表明，钙磷比为 1∶1 时获得的增长率和增重率最高。虾类对钙、磷含量的需求不尽相同。

养好小龙虾，必须在饲料中添加适量的钙和磷。此外，虾类能依靠鳃、肠等器官从养殖水体中吸收矿物质。因而其饲料中矿物质的适宜添加量应根据养殖环境的不同而变化。小龙虾饲料中总钙、磷含量不超过 3.5%；钙磷比以仔虾（平均体长 7 毫米）1∶(2.5~3.5)，生长虾（平均体长 5.5 毫米）1∶(1~1.7) 为宜。小龙虾饲料中钙添加水平 1.5%，磷添加水平 1.0% 时，效果最佳。

2. 微量矿物元素需要量

吴东等对小龙虾的营养需求做了研究，认为当饵料中硒含量为 0.2~0.4 毫克/千克时生长最好。另据王井亮等的试验结果推断：饲料中加有机硒（酵母硒），能生产富硒虾肉；饲料中加无机硒（亚硒酸钠），可能难以生产富硒虾肉。

小龙虾矿物质参考配方（份）：硫酸镁为 25，硫酸亚铁为 7.5，氯化钾为 117.82，氯化钙为 211，氯化钠为 132.5，碘化钾为 0.07，硫酸锌为 5，硫酸锰为 0.35，硫酸铜为 0.38，亚硒酸钠为 0.03，氯化钴为 0.35。

3. 不同饲料添加剂对小龙虾的影响

吴东等研究了用益生素、大蒜粉和"益生素＋大蒜粉"替代抗生素添加到小龙虾日粮中，观察它们对小龙虾生长性能和虾肉品质的影响。结果表明：益生素、大蒜粉和"益生素＋大蒜粉"组只均增重比抗生素组分别高 3.14%（$P>0.05$）、12.11%（$P>0.05$）和 17.94%（$P<0.05$）；增长各试验组间差异不显著（$P>$

0.05）；成活率方面是益生素组比抗生素组高；饲料系数各试验组间差异都不显著（$P>0.05$）。益生素、大蒜粉和"益生素+大蒜粉"组的出肉率比抗生素组分别高0.50%、11.82%和16.83%（$P>0.05$）。

何金星等研究了在小龙虾饲料中添加0~8%共6个梯度的螺旋藻，投喂成虾及幼龄虾，并测定其各项生长性能指标。试验结果表明：适量螺旋藻能促进小龙虾生长，2%螺旋藻添加量对成虾增重率和不同虾龄小龙虾的含肉率提升作用最为明显。

第二节　小龙虾饲料及投喂技术

在小龙虾养殖中，饲料占养殖总成本70%左右，饲料的质量关系到商品虾的品质。因此，在满足小龙虾营养需求的前提下，选用价廉物美的饲料，进行科学投喂，才能达到提高养殖产量和经济效益的目的。

一、小龙虾的食性及摄食特点

1. 小龙虾的食性

小龙虾为杂食性虾类。刚孵出的幼体以其自身卵黄为营养；幼体能滤食水中的藻类、轮虫、腐殖质和有机碎屑等；幼体能摄取水中的小型浮游动物，如枝角类和桡足类等。幼虾具有捕食水蚯蚓等底栖生物的能力。成虾的食性更杂，能捕食甲壳类、软体动物，水生昆虫幼体，水生植物的根、茎、叶以及水底淤泥表层的腐殖质及有机碎屑等。小龙虾在野生条件下以水生植物和有机碎屑为主要食物。

2. 小龙虾的摄食特点

一是小龙虾的胃容量小、肠道短，因此必须连续不断地进食才能满足生长的营养需求。二是小龙虾的摄食不分昼夜，但傍晚至黎明是摄食高峰。三是长期处于饥饿状态下的小龙虾将出现蜕壳激素和酶类分泌的混乱，一旦水温升高或水质变化时就会出现蜕壳不遂并大批量死亡。四是在饵料不足的情况下，小龙虾有相互残杀的行为。五是小龙虾的摄食强度在适温范围内随水温的升高而增强，水温低于8℃时摄食明显减少，但在水温降至4℃时，小龙虾仍能少量摄食；水温超过35℃时，其摄食量出现明显下降。

二、小龙虾饲料配制基本原则

1. 营养原则

（1）以营养需要量为依据。根据小龙虾的生长阶段选择适宜的营养需要量，并结合实际小龙虾养殖效果确定日粮的营养浓度，至少要满足能量、蛋白质、钙、磷、食盐、赖氨酸和蛋氨酸这几个营养标准。同时要考虑水温、饲养管理水平、饲料资源及质量、小龙虾健康状况等诸多因素的影响，对营养需要量灵活运用，合理调整。

（2）注意营养的平衡。配合日粮时，不仅要考虑各种营养物质的含量，还要考虑各营养素的平衡，即各营养物质之间（如能量与蛋白质、氨基酸与维生素、氨基酸与矿物质等）以及同类营养物质之间（如氨基酸与氨基酸、矿物质与矿物质）的相对平衡。因此，饲料搭配要多元化。充分发挥各种饲料的互补作用，提高营养物质的利用率。

（3）适合小龙虾的营养生理特点。科学的饲料配方其所选用的原料应适合小龙虾的食欲和消化生理特点，所以要考虑饲料原料的适口性、容积、调养性和消化性等。小龙虾不能较好地利用碳水化合物，摄入过多的碳水化合物易发生脂肪肝，因此应限量投喂。胆固醇是合成龙虾蜕壳激素的原料，饲料中必须提供。卵磷脂在脂溶性成分（脂肪、脂溶性维生素、胆固醇）的吸收与转运中起重要作用，饲料中一般也要添加。

2. 经济原则

小龙虾养殖过程中，饲料费用占养殖成本的70%~80%。因此，在设计配方时，必须因地制宜、就地取材，充分利用当地的饲料资源，制订出价格适宜的饲料配方。另外，可根据不同的养殖方式设计不同的饲料配方，最大限度地节省饲料成本。此外，开拓新的饲料资源也是降低成本的途径之一。

3. 安全卫生原则

饲料必须安全可靠。所选用原料品质必须符合国家有关标准，有毒有害物质含量不得超出允许限度；不影响饲料的适口性；在饲料中与小龙虾体内，应有较好的稳定性；长期使用不产生急、慢性毒害等不良影响；在饲料产品中的残留量不能超过规定标准，不得影响上市成虾的质量和人体健康；不得导致亲虾生殖生理的改变或繁殖性能的损伤；活性成分含量不得低于产品标签标明的含量，产品不得超过有效期。

设计饲料配方主要有以下步骤：确定饲料原料种类→确定营养需求量→查饲料营养成分表→确定饲料用量范围→查询饲料原料价格→建立线性规划模型并计算结果→得到一个最优化的饲料配方。

三、小龙虾天然饵料

1. 动物性饵料

小龙虾爱吃的动物性饵料很多，特别是具有较浓腥味的死鱼、猪、牛、鸡、鸭、鱼肠等下脚料，另外，螺类、蚌类、蚯蚓、水蚯蚓等也都是小龙虾喜食的较好的活体动物性饵料。其动物性饵料还有干小杂鱼、鱼粉、虾粉、螺粉、蚕蛹粉、猪血、猪肝肺等。

2. 植物性饵料

植物性饵料包括浮游植物、水生植物的幼嫩部分、浮萍、谷类、豆饼、米糠、豆粉、麦麸、菜籽饼、植物油脂类、啤酒糟等。

在植物性饵料中，豆类是优质的植物蛋白源，特别是大豆，粗蛋白含量高达干物质的38%~48%，豆饼中的可消化蛋白质含量为40%左右。作为虾类的优质的植物蛋白源，不仅是因为大豆含蛋白量高，来源广泛，更重要的是因为其氨基酸组成与虾体的氨基酸组成比较接近。由于大豆粕含有胰蛋白酶抑制因子，需要用有机溶剂和物理方法对其进行处理。对于小龙虾幼体来说，大豆所制出的豆浆是极为重要的饵料，与单胞藻类、酵母、浮游生物等配合使用，是良好的初期蛋白源。

菜籽饼、棉籽饼、花生饼、糠类、麸类都是优良的蛋白质补充饵料，适当的配比有利于降低成本和满足虾类的营养要求。

一些植物含有纤维素，由于大部分虾类消化道内具有纤维素酶，能够利用纤维素，所以虾类可以有效摄食消化一些天然植物的可食部分，并对生理功能产生促进作用。特别是很多水生植物干物质中含有丰富的蛋白质、B 族维生素、维生素 C、维生素 E、维生素 K、胡萝卜素、磷和钙，营养价值很高，是提高小龙虾生长速度的良好天然饵料。

植物性饵料中最好的还是陆地的黄豆、南瓜、米糠、麦麸、豆渣、红薯以及水中的鸭舌草、眼子菜、竹叶菜、水葫芦、丝草、苦草等，因为这些植物可以利用空闲地与虾池同时人工种植，供小龙虾食用。

小龙虾饵料一般是植物性饵料占 60%左右，动物性饵料占 40%左右。植物性饵料中，籽实类与草类各占一半。在饲养过程中，根据大、中、小（幼虾）的实际情况，对动、植物饵料合理搭配，并做适当的调整。

四、配合饲料

人工配合饲料则是将动物性饵料和植物性饵料按照小龙虾的营养需求，确定比较合适的配方，再根据配方混合加工而成的饲料，其中还可根据需要适当添加一些矿物质、维生素和防病药物，并根据小龙虾的不同发育阶段和个体大小制成不同大小的颗粒。在饲料加工工艺中，必须注意小龙虾为咀嚼型口器，不同于鱼类吞食型口器，因此配合饲料要有一定的黏性，制成条状或片状，以便于小龙虾摄食。下面是不同生产者研发的小龙虾饲料配方，供参考。

（一）商品饲料

小龙虾人工配合饲料配方，仔虾饲料蛋白质含量要求为

20%~26%，育成虾饲料蛋白质含量为30%~38%，成虾的饲料蛋白质含量要求为30%~33%。

1. 仔虾饲料

（1）粗蛋白含量37.4%，各种原料配比为：秘鲁鱼粉20%，发酵血粉13%，豆饼22%，棉仁饼15%，次粉11%，玉米粉9.6%，骨粉3%，酵母粉2%，复合维生素1.3%，蜕壳素0.1%，淀粉3%。

（2）碳水化合物饲料60份，蛋白质饲料30~40份，矿物质饲料5~8份，复合维生素1~3份。具体配方为：玉米粉10份，次粉3~5份，酵母粉0.5份，淀粉3份，小麦粉5~10份。

配方案例：①玉米粉10份，次粉3份，酵母粉0.5份，淀粉3份，小麦粉5份。②玉米粉10份，次粉4份，酵母粉0.5份，淀粉3份，小麦粉8份。③玉米粉10份，次粉5份，酵母粉0.5份，淀粉3份，小麦粉10份。

（3）鱼粉20%~32%，豆粕15%~30%，面粉8%~12%，麸皮6%~10%，玉米粉6%~10%，混合油（鱼油∶豆油为1∶1）0.5%~5.4%，米糠2%~30.8%，复合维生素1%~2%，复合矿物质2%~3%，黏结剂0.5%，蜕壳素0.05%~0.1%，食盐0.5%~1%。

（4）秘鲁鱼粉18~22份，发酵血粉10~16份，豆饼20~24份，棉籽饼13~17份，次粉9~13份，玉米粉9~10份，骨粉2~4份，酵母粉1~3份，复合维生素1~2份，蜕壳素0.05~0.15份，淀粉2~4份。

配方案例：秘鲁鱼粉20份，发酵血粉13份，豆饼22份，棉籽饼15份，次粉11份，玉米粉9.6份，骨粉3份，酵母粉2份，复合维生素1.3份，蜕壳素0.1份，淀粉3份。

2. 育成虾饲料

（1）豆饼250份，鱼粉200份，次粉290份，玉米粉100份，α淀粉20份，鱼油20份，磷脂油10份，磷酸二氢钙10份，复合维生素20份，发酵虾壳粉80份、破壁酵母粉30份和经过包埋的纤维素酶0.001份。

（2）豆饼250份，鱼粉240份，次粉270份，棉籽饼40份，玉米粉 40 份，复合维生素 20 份，α 淀粉 20 份，鱼油 20 份，磷脂油 10 份，磷酸氢钙 10 份，破壁酵母粉 30 份，经过包埋的纤维素酶 0.001 份，发酵虾壳粉 50 份。

（3）豆饼 250 份，鱼粉 200 份，次粉 290 份，棉籽饼 30 份，玉米粉 70 份，复合维生素 20 份，α 淀粉 20 份，鱼油 20 份，磷脂油 10 份，磷酸二氢钙 10 份，破壁酵母粉 30 份，经过包埋的纤维素酶 0.001，发酵虾壳粉 50 份。

（4）豆饼 200 份，鱼粉 250 份，次粉 290 份，棉籽饼 30 份，玉米粉 70 份，发酵虾壳粉 50 份，复合维生素 20 份，α 淀粉 20 份，鱼油 20 份，磷脂油 10 份，磷酸二氢钙 10 份，破壁酵母粉 30 份和经过包埋的纤维素酶 0.001 份。

（5）豆饼 230 份，鱼粉 200 份，次粉 260 份，棉籽饼 30 份，玉米粉 70 份，α 淀粉 20 份，鱼油 20 份，磷脂油 10 份，磷酸二氢钙 10 份，复合维生素 20 份，破壁酵母 80 份，发酵虾壳粉 50 份，经过包埋的纤维素酶 0.001 份。

（6）豆饼 250 份，鱼粉 200 份，次粉 250 份，棉籽饼 30 份，玉米粉 90 份，α 淀粉 20 份，鱼油 20 份，磷脂油 10 份，磷酸二氢钙 10 份，复合维生素 20 份，破壁酵母粉 50 份，发酵虾壳粉 50 份，经过包埋的纤维素酶 0.001 份。

（7）豆饼 250 份，鱼粉 200 份，次粉 280 份，棉籽饼 30 份，玉米粉 50 份，α 淀粉 20 份，鱼油 20 份，磷脂油 10 份，磷酸二氢钙 10 份，复合维生素 20 份，破壁酵母粉 50 份，发酵虾壳粉 60 份，经过包埋的纤维素酶 0.001 份。

（8）豆饼 230 份，鱼粉 200 份，次粉 290 份，棉籽饼 30 份，玉米粉 70 份，α 淀粉 20 份，鱼油 20 份，磷脂油 10 份，磷酸二氢钙 20 份，复合维生素 20 份，破壁酵母粉 40 份，发酵虾壳粉 50 份，经过包埋的纤维素酶 0.001 份。

（9）豆饼 200 份，鱼粉 200 份，次粉 290 份，棉籽饼 30 份，玉米粉 70 份，α 淀粉 20 份，鱼油 20 份，磷脂油 10 份，磷酸二氢钙 20 份，复合维生素 20 份，破壁酵母粉 60 份，发酵虾壳粉

60 份，经过包埋的纤维素酶 0.001 份。

（10）豆饼 250 份，鱼粉 220 份，次粉 300 份，棉籽饼 30 份，玉米粉 60 份，α 淀粉 20 份，鱼油 20 份，磷脂油 10 份，磷酸二氢钙 10 份，复合维生素 20 份，破壁酵母粉 30 份，发酵虾壳粉 30 份，经过包埋的纤维素酶 0.001 份。

（11）豆饼 200 份，鱼粉 250 份，次粉 310 份，棉籽饼 30 份，玉米粉 50 份，α 淀粉 20 份，鱼油 20 份，磷脂油 10 份，磷酸二氢钙 10 份，复合维生素 20 份，破壁酵母粉 40 份，发酵虾壳粉 40 份，经过包埋的纤维素酶 0.001 份。

原料先经过烘干机烘干，烘干温度为 60~70℃，烘干时间为 2~3 小时，加入发酵虾壳粉，再经饲料粉碎机进行超微粉碎，使原料细度达到 100 目。经超微粉碎混合均匀的豆饼、鱼粉、次粉、棉籽饼和玉米粉中加入纤维素酶，将上述物料搅拌混合。纤维素酶的活力为 20 万国际单位。将混合均匀后的混合物料在调质器内经 90℃的蒸汽熟化 3 分钟，再由颗粒饲料机制成直径 1.0 毫米的颗粒饲料。将制成的颗粒饲料再在 70℃的后熟化器内烘干 30 分钟，使水分控制在 20%，冷却后即可包装成产品。

3. 成虾饲料

（1）秘鲁鱼粉 5%，发酵血粉 10%，豆饼 30%，棉籽饼 10%，次粉 25%，玉米粉 10%，骨粉 5%，酵母粉 2%，复合维生素 1.3%，蜕壳素 0.1%，淀粉 1.6%。饲料粗蛋白含量 30.1%，其中豆饼、棉籽饼、次粉、玉米粉等在预混前再次粉碎，制粒后经 2 天以上晾干，以防饲料变质。饲料配方中，可另加占总量 0.6%的水产饲料黏结剂，以增加饲料耐水时间。

（2）鱼粉 8~15 份，肉骨粉 10~20 份，豆饼 15~25 份，菜籽饼 0~6 份，花生饼 5~15 份，小麦粉 15~30 份，米糠 2~5 份，乌贼膏 1~5 份，虾糠 2~5 份，磷酸二氢钙 1~3 份，蜕壳素 0.1~0.5 份，沸石粉 1~3 份，氯化胆碱 0.2~0.4 份，甜菜碱 0.2~0.5 份，黏结剂 0.3~0.5 份，食盐 0.3~0.5 份，混合油〔鱼油：豆油：猪油 =（2~3）：1：1〕2~5 份，大黄蒽醌提取物 100~400

毫克/千克，复合维生素 1~3 份。

（3）豆饼粉 19 份，小麦粉 19 份，鱼粉 7 份，菜籽饼粉 11 份，棉籽饼粉 9 份，米糠 10 份，玉米粉 8 份，动物内脏干粉 8 份，鱼油 1.5 份，沸石粉 1.42 份，氯化胆碱 1 份，复合矿物质粉 2.2 份，蜕壳粉 1.45 份，复合维生素 0.3 份，食盐 0.05 份，抗氧化剂 0.03 份，防霉剂 0.05 份。

（4）豆饼粉 21.5 份，小麦粉 16 份，鱼粉 9 份，菜籽饼粉 9 份，棉籽饼粉 11 份，米糠 8 份，玉米粉 9.5 份，动物内脏干粉 6 份，鱼油 2 份，沸石粉 1.92 份，氯化胆碱 1.5 份，复合矿物质粉 1.5 份，蜕壳粉 1 份，复合维生素 0.2 份，食盐 0.15 份，抗氧化剂 0.03 份，防霉剂 0.05 份。

（5）豆饼粉 20 份，小麦粉 17 份，鱼粉 8 份，菜籽饼粉 10 份，棉籽饼粉 10 份，米糠 8.5 份，玉米粉 8.5 份，动物内脏干粉 8 份，鱼油 2 份，沸石粉 1.52 份，氯化胆碱 1.3 份，复合矿物质粉 1.9 份，蜕壳粉 1.5 份，复合维生素 0.1 份，食盐 0.1 份，抗氧化剂 0.03 份，防霉剂 0.05 份。

（6）秘鲁鱼粉 7 份，发酵血粉 12 份，豆饼 28 份，棉籽饼 12 份，次粉 35 份，玉米粉 12 份，骨粉 7 份，酵母粉 3 份，复合维生素 2 份，蜕壳素 0.05 份，淀粉 2 份。

（7）秘鲁鱼粉 3 份，发酵血粉 8 份，豆饼 32 份，棉籽饼 8 份，次粉 20 份，玉米粉 8 份，骨粉 3 份，酵母粉 1 份，复合维生素 1 份。

（8）植物性饵料 80 份，动物性饵料 10 份，复合维生素 1 份，泰乐菌素 0.5 份。其中，植物性饵料的组分的重量份数为豆饼 24 份，马铃薯粉 5 份，次粉 20 份，玉米粉 8 份，酵母粉 2 份，淀粉 1 份，葵花籽粉 0.5 份；动物性饵料组分的重量份数为鱼粉 4 份，骨粉 4 份，贝壳粉 5 份，蜕壳素 0.05 份，B 族维生素 30 份，维生素 D 10 份，维生素 E 10 份。

（9）植物性饵料 80 份，动物性饵料 15 份，复合维生素 2 份。其中，植物性饵料的组分的重量份数为豆饼 32 份，马铃薯粉 5 份，次粉 35 份，玉米粉 12 份，酵母粉 3 份，淀粉 2 份，葵花籽粉 0.5 份。动物性饵料组分的重量份数为鱼粉 6 份，骨粉 6 份，贝壳粉 5.5 份，蜕壳素 0.1 份。复合维生素组分的重量份数为 B 族维生素 30 份，维生素 D 12 份，维生素 E 12 份。

（10）植物性饵料 80 份，动物性饵料 20 份，复合维生素 3 份，半纤维素酶 1 份。植物性饵料的组分的重量份数为豆饼 54 份，马铃薯粉 5 份，次粉 45 份，玉米粉 8 份，酵母粉 4 份，淀粉 3 份，葵花籽粉 0.5 份。动物性饵料组分的重量份数为鱼粉 9 份，骨粉 9 份，贝壳粉 6 份，蜕壳素 0.15 份。复合维生素组分的重量份数为 B 族维生素 30 份，维生素 D 15 份，维生素 E 15 份。

（11）鱼粉 7%，肉骨粉 15%，豆饼 15%，菜籽饼 15%，花生饼 8%，小麦 15%，麸皮 5%，米糠 3%，乌贼膏 3%，虾糠 4%，混合油（鱼油：豆油：猪油 = 1：1：1）3%，磷酸二氢钙 2%，晶体赖氨酸 0.6%，晶体蛋氨酸 0.3%，大黄蒽醌提取物 0.5%，35% 维生素 C 磷酸酯 0.2%，蜕壳素 0.3%，黏结剂 0.3%，食盐 0.3%，复合维生素 2.5%。

将上述原料按重量百分比分别称取，将鱼粉、肉骨粉、豆饼、菜籽饼、花生饼、小麦粉、麸皮、米糠、乌贼膏、虾糠粉经二次粉碎，可全部通过 60 目筛，80 目筛上物小于 10%；用搅拌机进行混合，首先将乌贼膏和豆饼均匀混合，将此混合物和鱼粉、肉骨粉、菜籽粕、花生粕、小麦、麸皮、米糠、乌贼膏、虾糠等均匀混合成原料混合粉，再将磷酸二氢钙、晶体赖氨酸、晶体蛋氨酸、大黄蒽醌提取物、35% 维生素 C 磷酸酯、黏结剂、蜕壳素、食盐、预混料分别与原料混合粉进行逐级混合，混合均匀度（CV）<10%；将鱼油、豆油和猪油按照一定比例混合，然后与物料均匀混合，搅拌混匀后经过超微粉碎机粉碎为混合物料，将混合物料移入调制器通入水蒸气调制 3 次，调制后进入挤压制粒机制成饲料颗粒（温度 80~95℃），加工生产成颗粒配合饲料，饲料粒直径 2.0 毫米，颗粒长度 4.0 毫米；将颗粒放入杀菌器 80~100℃杀菌 10~15 分钟；将制得的颗粒饲料烘干、冷却、筛去粉末、包装。

（12）鱼粉 8%，肉骨粉 13%，豆饼 17%，菜籽饼 13%，花生饼 7%，小麦粉 17%，麸皮 6%，米糠 4%，乌贼膏 2%，虾糠 3%，混合油（鱼油：豆油：猪油＝1：1：1）4%，磷酸二氢钙 1.8%，晶体赖氨酸 0.6%，晶体蛋氨酸 0.4%，大黄蒽醌提取物 0.2%，35% 维生素 C 磷酸酯 0.3%，蜕壳素 0.4%，黏结剂 0.4%，食盐 0.4%，复合维生素 1.5%。

（13）鱼粉 10%，肉骨粉 12%，豆饼 18%，菜籽饼 10%，花生饼 5%，小麦粉 18%，麸皮 7%，米糠 5%，乌贼膏 1%，虾糠 2%，混合油（鱼油：豆油：猪油＝1：1：1）4%，磷酸二氢钙 2.5%，晶体赖氨酸 0.7%，晶体蛋氨酸 0.5%，大黄蒽醌提取物 0.4%，35% 维生素 C 磷酸酯 0.4%，蜕壳素 0.5%，黏结剂 0.5%，食盐 0.5%，复合维生素 2.0%。

（14）无鱼粉配合饲料（共计 1 000 千克）。脱酚棉籽蛋白 50 千克，大豆浓缩蛋白 200 千克，大米蛋白粉 130 千克，鱼溶浆蛋白 45 千克，磷酸二氢钙 20 千克，花生饼 130 千克，虾壳粉 30 千克，小麦粉 219.55 千克，米糠 88 千克，磷脂油 20 千克，鱼油 12 千克，虾用微量元素 5 千克，甜菜碱 2.5 千克，食盐 3 千克，虾用复合维生素 1.75 千克，氯化胆碱 1 千克，左旋肉碱 1 千克，防霉剂 1 千克，膨润土 40 千克，乙氧基喹啉 0.2 千克。

（15）无鱼粉配合饲料（共计 1 000 千克）。脱酚棉籽蛋白 50 千克，大豆浓缩蛋白 180 千克，大米蛋白粉 140 千克，鱼溶浆蛋白 55 千克，磷酸二氢钙 20 千克，花生饼 130 千克，虾壳粉 30 千克，小麦粉 219.55 千克，米糠 88 千克，磷脂油 20 千克，鱼油 12 千克，虾微量元素 5 千克，甜菜碱 2.5 千克，食盐 3 千克，虾复合维生素 1.75 千克，氯化胆碱 1 千克，左旋肉碱 1 千克，防霉剂 1 千克，膨润土 40 千克，乙氧基喹啉 0.2 千克。

（16）无鱼粉配合饲料（共计 1 000 千克）。脱酚棉籽蛋白 50 千克，大豆浓缩蛋白 160 千克，大米蛋白粉 150 千克，鱼溶浆蛋白 65 千克，磷酸二氢钙 20 千克，花生饼 130 千克，虾壳粉 30 千克，小麦粉 219.55 千克，米糠 88 千克，磷脂油 20 千克，鱼油

12千克，虾微量元素5千克，甜菜碱2.5千克，食盐3千克，虾复合维生素1.75千克，氯化胆碱1千克，左旋肉碱1千克，防霉剂1千克，膨润土40千克，乙氧基喹啉0.2千克。

（17）无鱼粉配合饲料（共计1 000千克）。脱酚棉籽蛋白50千克，大豆浓缩蛋白190千克，大米蛋白粉135千克，鱼溶浆蛋白50千克，磷酸二氢钙20千克，花生饼130千克，虾壳粉30千克，小麦粉219.55千克，米糠88千克，磷脂油20千克，鱼油12千克，虾微量元素5千克，甜菜碱2.5千克，食盐3千克，虾复合维生素1.75千克，氯化胆碱1千克，左旋肉碱1千克，防霉剂1千克，膨润土40千克，乙氧基喹啉0.2千克。

（二）简易配合饲料

1. 幼虾配合饲料

（1）配方1。麦麸30份，豆饼20份，鱼粉50份和微量维生素。该配合饲料中粗蛋白含量约为45%。

（2）配方2。麦麸22份，花生饼15份，鱼粉60份，矿物质3份和微量维生素。该配合饲料中粗蛋白含量约为50%。

（3）配方3。麦麸37份，花生饼25份，鱼粉35份，壳粉3份。该配合饲料中粗蛋白含量约为45%。

2. 成虾配合饲料

（1）配方1。麦麸57%，花生饼5%，鱼粉35%，贝壳粉3%。

（2）配方2。麦麸39%，米糠30%，鱼粉1%，贝壳粉20%，黄豆粉10%。

（3）配方3。麦麸30%，鱼粉20%，蚕蛹7.5%，豆饼20%，米糠22.5%。

五、小龙虾饲料投喂技术

1. 投喂方法

一般每天投喂2次饲料，投喂时间分别在7—9时和17—18时。春季和晚秋水温较低时，可每天投喂1次，安排在15—16时。

小龙虾有晚上摄食的习性，日喂 2 次应以傍晚为主，下午投喂量占全天的 60%~70%。

饲料投喂地点，应多投在岸边浅水处虾穴附近，也可少量投喂在水位线附近的浅滩上。每亩（1 亩≈667 米^2，15 亩＝1 公顷，全书同）最好设 4~6 处固定食台，投喂时多投在食台上，少分散在水中。小龙虾有一定的避强光习性，强光下出来摄食的较少，将饲料投放在光线相对较弱的地方可提高饲料利用率，如傍晚将饲料投在池塘西岸，上午将饲料投在池塘东岸。

2. 投喂量

日投喂量主要依据存塘虾量来确定，但是也要充分考虑天气、成活率、健康状况、水质环境、蜕壳情况、用药情况、饵料量等因素。5—10 月是小龙虾摄食旺季，每天投喂量可占体重的 5% 左右，且需根据天气、水温变化，小龙虾摄食情况有所增减，水温低时少喂，水温高时多喂。3—4 月水温 10℃ 以上小龙虾刚开食阶段和 10 月以后水温降到 15℃ 左右时，小龙虾摄食量不大，每天可按体重 1%~3% 投喂。一般以投喂后 3 小时基本吃完为宜。天气闷热、阴雨连绵或水质恶化、溶解氧下降时，小龙虾摄食量也会下降，可少喂或不喂。

3. 投喂原则

（1）天气晴好、水草较少时多投，闷热的雷雨天、水质恶化或水体缺氧时少投；解剖小龙虾发现肠道内食物较少时多投；池中有饲料大量剩余时则少投；水温适宜则多投，水温偏低则少投。

（2）小龙虾很贪食，即使在寒冷的冬天也会吃食，所以养殖小龙虾要比养蟹早开食。

（3）饲料的质量影响小龙虾的品质，在小龙虾上市季节要适当补充投喂一些小杂鱼、螺肉、蚌肉、蚬肉等动物性鲜料，以提高商品虾的质量。

（4）小龙虾蜕壳时停食，所以当观察到小龙虾大批蜕壳时，投喂量要减少。

第四章 小龙虾苗种养殖

第一节 小龙虾苗种规模化生产的意义

小龙虾苗种生产，不是简单的繁殖问题，而是要针对小龙虾特殊的繁殖习性，采取针对性措施，实现苗种生产规模化的问题。因为只有苗种生产实现了有计划、大批量，小龙虾成虾才能做到规模化养殖。小龙虾的苗种规模化生产具有以下意义。

（1）可提高幼虾放养成活率。目前，养殖户采购的小龙虾苗种主要有两个来源：一是养殖户依靠在塘成虾自繁自育；二是捕捞专业户抓捕的野生苗种。这两个渠道的小龙虾苗种非常零散，经多个环节倒运，虾体损伤严重，放养成活率很低，成活率一般不超过50%。苗种生产规模化后，捕捞、运输更专业，倒运的环节也少，成活率将大幅度提高。

（2）苗种规格整齐。规模化生产，必然要有专门的繁育设施，优越的繁殖条件提高了亲虾性腺发育的同步性，促进了小龙虾苗种生产工作的批量化，生产出的苗种规格相对整齐。整齐的苗种可以降低成虾养殖的相互残杀率，产量、效益更有保证。

（3）养殖模式多样化。小龙虾可以与水稻、水芹、荷藕田配套养殖，也可以与鱼种轮养，小龙虾还可以多茬养殖等。稻田和池塘都可以开展小龙虾养殖，有针对性地开展苗种生产，可以保证这种养殖模式的苗种供应。

（4）有利于养殖计划和销售计划的制订。依靠小龙虾自繁自养的传统养殖模式，小龙虾苗种密度难以把握。养殖密度低则产量低，养殖密度过高则养成的商品虾规格偏小。由于虾苗数量不易把握，因此，在饲料投喂和产品的销售上也难以制订出准确的生产计划，销售工作更是无从把握。

（5）养殖池生态环境容易控制。苗种的规模化生产为成虾池塘有计划放养提供了可能。人为控制放苗时间和数量可以为水草提供较长的生长时间，控制小龙虾对水草的损害；池中水草茂盛，生态优越，小龙虾生产成本降低，养殖成活率和产量都有保障。传统养殖池塘中，几代小龙虾同池，池中水草嫩芽可能被大量摄食，水草生长不良使养殖生产需要投入更多的饲料，养殖成本增加；水草少，也使生态环境容易恶化，自相残杀率高，管理难度大，养殖产量难以提高。

同样是虾类养殖产业，小龙虾养殖产业的发展也应该突破苗种规模化生产这个瓶颈。罗氏沼虾、南美白对虾苗种已经实现了工厂化大规模生产，青虾苗种可以在土池条件下实现规模化供应。小龙虾的繁殖习性特殊，抱卵量小，又有打洞、护幼的习性，要想实现小龙虾苗种的规模化生产必须依靠大量的小龙虾亲本和适宜的繁殖条件。因此，无论是工厂化设施，还是普通池塘，都应该针对小龙虾的繁殖习性，创造适合于开展小龙虾苗种规模化生产的条件，再采取有针对性的繁育措施，才能实现小龙虾苗种的规模化生产与供应。

综合各地科技工作者和养殖户对小龙虾苗种规模化生产的探索、研究成果，结合小龙虾苗种规模化生产经验，总结形成了小龙虾苗种规模化生产技术，现介绍如下。

第二节　小龙虾繁育

小龙虾性腺发育成熟至Ⅴ期后，卵子即从第三对步足基部的生殖孔排出，经第四、第五步足间纳精囊精子授精成为受精卵，受精卵黏附于腹部的游泳肢上，经雌虾精心孵化直接破膜成为和成虾体形接近的幼体，再经 2~3 次蜕壳后离开母体独立生活。小龙虾 1 年产卵 1 次。性成熟的雌、雄虾于每年 7—8 月大量交配，交配时间可持续几分钟至几个小时。每年 9—10 月雌虾产卵，最初的受精卵颜色为暗褐色，雌虾抱卵期间，第一对步足常伸入卵块之间清除杂质和坏死卵，游泳肢经常摆动以带动水流使卵获得充足的溶解氧。孵化时间与水温密切相关，在溶解氧含量、透明度等水质因素适宜时，水温越高，孵化期越短，一般需 2~11 周。32℃ 以上，受精卵发育受阻。抱卵量随亲虾大小而异，个体大的抱卵多，个体小的抱卵就少，变幅为 100~1 200 粒，平均约 400 粒，因此，小龙虾个体生产后代的数量较少。但由于雌亲虾对受精卵和刚孵化出的仔虾的精心呵护，小龙虾胚胎和仔虾可以适应不良环境，广泛分布，这也正是自然界小龙虾自引进后，迅速扩散到我国绝大部分地区，甚至成为鱼类养殖水体的公害的原因。

自然状态下的小龙虾分散繁殖行为，有助于小龙虾广泛扩散，但对规模化的成虾养殖起不到作用，甚至还会因为这种分散的、无法控制的繁殖行为给养殖生产造成麻烦。为了实现小龙虾养殖生产的可控性和计划性，必须解决小龙虾苗种生产的规模化问题。

小龙虾特殊的繁殖特性决定了小龙虾苗种规模化生产技术和罗氏沼虾、青虾等其他甲壳类繁殖技术不同。充分利用小龙虾雌亲虾呵护后代的天性，人为构建适宜小龙虾雌亲虾产卵和抱卵虾生活或受精卵集中孵化的设施环境，创造优越的水质、溶解氧、光照等环境条件，就可以实现小龙虾苗种的规模化人工繁育。根据小龙虾的繁殖习性，人工繁育工作分成两个阶段，一是小龙虾的抱卵虾的生产；二是抱卵虾饲养或受精卵集中孵化。

一、小龙虾的产卵管理

在自然界中，小龙虾的产卵过程是在洞穴中完成的，但洞穴并不是小龙虾雌亲虾产卵的必要条件。试验证明，当卵巢发育到 V 期后，即使没有安静的洞穴，小龙虾雌亲虾也能正常排卵，卵子也能正常受精，因此，规模化的苗种生产中，小龙虾的抱卵虾生产方式可因繁育设施的不同分为两种。

1. 洞穴产卵

利用自然界小龙虾正常的繁殖习性，在繁育池塘中人为地增加适宜小龙虾打洞的池埂面积，扩大亲虾的栖息面，增加小龙虾亲虾的投放数量，实现小龙虾苗种生产的规模化。主要技术措施有以下 3 点。

（1）人造洞穴。在繁育池中，沿池塘长边建短埂，以木棍在正常水位线上 15 厘米高度向下戳洞，洞口直径 5 厘米，洞的深度 25~30 厘米，洞与洞的距离不小于 30 厘米，这些人工洞穴，可以节省小龙虾打洞的体力消耗，尤其适合于 9 月下旬后放养的小龙虾亲虾。

（2）亲虾投放。我国幅员辽阔，各地气候差异很大，小龙虾的繁殖季节因气候的不同也有差异，江苏、安徽地区一般于每年 8 月中旬开始发现小龙虾产卵。因此，亲虾投放时间可从 8 月初开始，直到 10 月中旬为止，放养密度为 2~5 只/米^2，沿人工洞穴近水处均匀放养。

（3）水位管理有两种做法：一是保持水位，整个繁殖期水位保持在初始高度，小龙虾在同层洞穴中栖息并完成产卵。由于环境优越且不受干扰，抱卵虾出现的时间较集中，受精卵孵化较快，一般能在冬前完成小龙虾的产卵和孵化过程。因此，生产的苗种个体大，规格相对整齐。二是分层降低水位，亲虾按计划放入池塘后，成熟度较好的亲虾首先在正常水位线上打洞产卵，降低水位至正常水位线下 40 厘米左右，保持水位至气温下降至 15℃时，此时后成熟的小龙虾再次打洞产卵。随着气温的降低，进一步缓慢降低水位，直至基本排干（低凹处存水），逐步恶化的环境迫使小龙虾打洞穴居全部进入冬眠；越冬期间保持池底低凹处有积水，池坡虾洞集中区域用稻草等进行保温覆盖；翌年开春水温上升至 12℃后，逐步进水至所有虾洞以上，迫使亲虾出洞；出洞的雌亲虾或带受精卵或携带仔虾，从而完成小龙虾的苗种生产任务。这种水位控制方法，抱卵虾出现的时间跨度较长，生产苗种的时间较晚，规格小而不齐，但苗种生产量较高，也有人为控制出苗时间的作用。

2. 非洞穴产卵

繁殖季节打洞，并于洞中产卵，虽是小龙虾的自然繁殖习性，但在水泥池或网箱等设施中，小龙虾无法打洞时，成熟的雌虾也能顺利产卵，且水泥池更利于抱卵虾的收集。因此，人工繁殖时，将成熟的小龙虾亲虾放入水泥池、网箱等便于收集抱卵虾的设施中，辅以优良的水质、溶解氧、光照等饲养条件，可以规模化生产小龙虾抱卵虾。

二、受精卵孵化管理

受精卵孵化工作决定着小龙虾苗种生产的结果，孵化率决定着苗种产出数量，孵化时间决定着苗种供应时间及规格，受精卵的孵化是小龙虾苗种生产最重要的环节，必须高度重视。小龙虾受精卵黏附于雌亲虾的游泳肢上，其孵化进程与结果，除和其他鱼、虾的受精卵一样受温度、溶解氧等环境因子控制外，还受雌亲虾本身孵化行为的影响。因此，做好小龙虾受精卵的孵化工作，既要创建受精卵所需要的环境条件，又要满足雌亲虾的生存和生活需要。

1. 自然孵化

这种孵化方式，是指在自然温度下，由抱卵虾依靠其天然护卵、护幼的习性，将受精卵孵化成仔虾的孵化行为。自然条件下，受精卵的孵化主要是由雌亲虾携带在洞穴中完成，由于孵化时间较长，雌亲虾除偶尔出洞觅食之外，大部分时间都在不断地划动游泳肢，带动受精卵在水中来回摆动，既解决受精卵局部溶解氧不足的问题，又能及时清除坏死卵，因而孵化率较高。实际生产中，创造了雌亲虾优越的生活环境，雌亲虾的活力就强，腹部的受精卵自然就得到了雌亲虾的精心呵护，具体做法如下。

（1）保持水位稳定。大部分小龙虾的洞穴都分布在正常水位线上30厘米以内，洞口开于水位线以上，洞底通往水位线以下，洞穴始终处于"半干半水"状态，水位稳定，可以保护洞穴"半干半水"状态，促进受精卵的孵化进程。

（2）保持洞穴温度。冬季缺水季节，或为抑制受精卵孵化进程，有意识排干池水，小龙虾洞穴完全处于无水状态，越冬期间，受精卵和亲虾有可能因寒冷的天气而死亡。因此，应该在洞穴集中区覆盖草帘或堆放 5 厘米以上稻草等保温性好的秸秆，防止洞穴结冰引起抱卵虾死亡。

（3）保持良好的水质条件。在抱卵虾集中放养或者因水温控制不好，抱卵虾出洞栖息于池塘时，应特别重视抱卵虾优良生活环境的营造，其中水质调节最为重要，水质好，亲虾的活力就有保证，其护卵、护幼的天性才能正常发挥，受精卵的孵化率才高。

2. 控温孵化

小龙虾的受精卵的孵化进程受温度的影响最大，在适宜的温度范围内，温度越高孵化时间越短，温度越低孵化时间越长，最长的孵化时间可达数月，这也是翌年春季还会出现大量抱卵虾的主要原因。日本学者 Tetsuya Suko 专门就温度对小龙虾受精卵的孵化时间的影响做过研究，认为在适宜的温度范围内，受精卵孵化所经历的时间和温度升高呈正向线性关系。因此，在工厂化繁育设施中，人为提高孵化温度可以加快受精卵孵化速度，实现苗种繁育的计划性。小龙虾受精卵孵化进程与温度的关系见表4-1。

表4-1　小龙虾受精卵在不同温度下孵化所经历的时间

温度/℃	7	15	20	22	24	26	30	32
历时天数/天	150	46	44	19	15	14	7	死亡

三、苗种培育

刚脱离母体的仔虾，体长 10~12 毫米，虽然已可以独立觅食，但活动半径较小，对摄食的饵料大小、品种都有特殊的要求，此时最适口的饵料是枝角类等浮游动物、小型底栖的水生昆虫、水丝蚓等环节动物以及着生藻类和有机碎屑等。仔虾因为个体太小，还会受到鱼类、虾类的捕食。因此，直接放入池塘进行成虾养殖，成活率较低。为提高小龙虾苗种的成活率，设立小龙虾幼虾强化培育池，创造优越的幼虾生长环境，精心投喂，短时间内将幼虾培育到 4 厘米，对提高小龙虾苗种成活率、缩短成虾养殖时间，促进成虾提早上市，具有重要的生产意义。

1. 培育池准备

（1）培育池选择。培育池可以是土池也可以是水泥池或密眼网箱等，大小视各地现有条件因地制宜地确定，一般土池要求为 3~5 亩，水泥池、网箱为 20~50 米²。土池要求池底平坦，池埂坡比不小于 1:2，池水深度 50~80 厘米；池塘长方形，呈东西向设置，池塘宽度不超过 40 米。

（2）彻底清塘。创造洁净的培育池环境是提高苗种培育成活率的关键环节。土池彻底清塘的方法是将水进至最高水位，用速灭杀丁等药物将存塘的小龙虾全部杀灭，再将水排干，用生石灰等高效消毒剂进行干法清塘。在修整池埂的同时，将池底暴晒数日；水泥池用高锰酸钾消毒后备用。

2. 环境营造

（1）移植水草。水草是小龙虾栖息生长的基本条件，既可供幼虾隐蔽、栖息，又可供其摄食，还能净化水质，可促进幼虾成活率和生长速度的提高。"虾多少，看水草"，丰富的水草可以营造培育池立体的养殖环境。幼虾培育时间主要集中在晚秋或早春时节，此时的水温较低，池塘移植水草品种最好是适宜在低温生长的伊乐藻、眼子菜，水草移栽应于幼虾下塘前完成，移栽面积占池塘面积的 60%~70%。水泥池或网箱培育池也要移植水草，适宜的品种有水花生和伊乐藻；无法移植时，水平或垂直挂一些网片，或用竹席平行搭设数个平台，以利于小龙虾的栖息，能提高幼虾成活率。

（2）微孔增氧。幼虾放养密度较高，随着剩余饲料的增加、水草的生长，培育池可能会出现缺氧，设置微孔增氧设施，可以有效防止幼虾因缺氧而造成损失。

3. 施肥

移栽水草的同时，按每亩施入发酵好的有机肥 300～500 千克，既可以促进水草生长，又可以培育幼虾适口的天然饵料，提高仔虾的放养成活率，节省饲料投入。施肥时，可以将有机肥埋于水草根部，也可以在池塘四周近水处分散堆放，保证肥力缓慢释放，使透明度不低于 40 厘米。用土池繁育池直接进行苗种强化培育时，应视水质情况，可以在放苗前 1 周，补施有机肥 200～300 千克/亩；水泥池可以用无机肥适当肥水培育浮游生物，或引入池塘水使池水透明度在 30～40 厘米。

4. 仔虾放养

土池繁育池依靠自然温度孵化虾苗，开展幼虾培育时，只需将产后亲虾捕出，对在塘仔虾数量进行估算，可以就原塘进行幼虾的强化培育。仔虾数量特别多，每亩超过 30 万只以上时，需将多出的仔虾分出，然后再进行正常的培育工作。而工厂化育苗一般都进行了加温，应将孵化出的仔虾连培育池水降温至自然水温，然后通过收集、包装、运输至已准备好的苗种培育池或成虾养殖塘。放养量应按放养计划确定，放养时要像放养其他虾苗一样，做好水温、水质适应处理工作。

（1）放养时间。小龙虾受精卵孵化出苗时间主要集中在每年的 9—11 月，此时气温和水温逐渐降低。因此，9 月中旬前出膜的仔虾可以选择早晨太阳出来之前放养，中后期可以选择在中午水温相对较高时放养。

（2）仔虾放养及数量估测。①幼虾放养数量。培育池的放养数量视培育条件而定，条件好的土池放养量为 20 万～30 万只/亩，水泥池生态环境条件不如土池，应适当降低放养密度，每平方米不超过 150 只。②仔虾数量估测。专塘繁育数量估算。小龙虾的仔虾不像罗氏沼虾虾苗那样浮游在水体中，而是比较均匀地分布在培育池池底和各种附着物上，捕捞的难度较大。因此，常采取繁育池原池幼虾培育。池中仔虾数量由抱卵虾数量和受精卵的孵化率决定，生产上应对在塘仔虾数量进行估算，做到有计划地培育。估测的方法是在培育池不同部位选点，抽样检查单位面积内仔虾数量，再根据培育池有效水体推算在塘仔虾数。单位面积的仔虾数量，可以通过定制网具的设置获得。成虾池自繁自育数量估算。利用成虾池预留亲虾繁殖幼虾，解决翌年小龙虾苗种时，也必须对在塘仔虾数量进行较为准确的估测，估测方法同上，数量超过计划放养数量时，应想方设法捕捞出多余的虾苗，数量不足时，应从其他渠道补足数量，防止在塘幼虾数量不足，给后续苗种培育和成虾养殖工作带来被动。建议用这种方法解决成虾养殖苗种问题的仔虾数量控制在 1 万~2 万只/亩。

5. 饲养管理

小龙虾幼虾生长速度较快。试验证实，越冬期间，小龙虾的幼虾也能蜕壳生长，11 月 9 日放养的小龙虾仔虾（平均规格在 1.5 厘米/只），翌年 3 月 30 日抽查时平均规格达到 3.1 厘米/只；适宜的温度下，小龙虾的幼虾生长更快，水温为 18~26℃，大棚土池中的小龙虾幼虾（1 厘米左右），经 25 天强化培育，体长达到 12 厘米。快速生长的基础是优良的生态环境和充足的营养积累，小龙虾苗种培育应做好下列工作。

（1）饲料选择与投喂。①饲料选择。小龙虾属杂食性动物，自然状态下，各种鲜嫩水草、底栖动物、大型浮游动物及各种鱼虾尸体都是其喜食的饵料。鲜嫩水草主要为移植、种植的适宜小龙虾摄食的伊乐藻、轮叶黑藻以及水浮莲、水葫芦、水花生等；动物性饵料有小杂鱼、螺蚌肉、蚕蛹、蚯蚓等；小龙虾对人工饲料如各种饼粕、米糠、麸皮等同样喜食，也可直接投喂专用配合饵料。不管是何种饲料，都要求饵料综合蛋白质含量在 30% 以上。由于幼虾的摄食能力和成虾尚有区别，投喂的饲料必须经粉碎或绞碎后再投喂。幼虾培育的前期，投喂黄豆浆、豆粕浆效果更好。②投喂方法。小龙虾具有占地习性，其游泳能力差，活动范围较小，幼虾的活动半径更小。因此，幼虾培育期的饲料投喂要特别重视，要遵循 3 个原则：一是遍撒，由于小龙虾幼虾在培育池中分布广泛，饲料投喂必须做到全池泼撒，满足每个角落幼虾摄食需要；二是优质，优质的饲料，可以促进幼虾快速生长，幼虾培育期适当搭配动物性饲料，既可以满足幼虾对优质蛋白需求，也可以减少幼虾的相互残杀，添加比例应不少于30%；三是足量，幼虾的活动半径小，摄食量又小，因此，前期的饲料投喂量应足够大，一般每亩每天投喂2~3千克饲料，后期随着幼虾觅食能力增强，可按在塘幼虾重量的10%~15%投喂，具体投喂量视日常观察情况及时调整，保持每天有不超过5%的剩料为好。投喂时间以傍晚为主，占日投量的70%~80%，上午投料占20%~30%。如果是10月中下旬孵化出仔虾，冬季前不能分养，越冬期间也要适量投喂，一般是一周投喂一次。

（2）水质调节。随着饲料的投喂，剩余饲料和小龙虾的粪便越积越多，水质将不可避免地恶化，必须重视水质的调节。池塘条件下，除采取移栽水草调节水质外，还要定期使用有益微生物制剂，保持培育水体"肥、活、嫩、爽"的基本养殖条件。在有外源清洁水源时，也可以每周换水一次，每次换水1/5左右。要定期监测水质指标，pH值低于7时，及时采用生石灰调节，保证养殖水体呈弱碱性。以水泥池作为培育池时，水质更容易恶化，换水是防止水质变坏的主要方法，有流水条件的，可以保持微流水培育，但要避免水位和水质过大的变动，保持相对稳定的环境。

（3）病害预防。幼虾培育期间，水温较低，培育池环境又是重新营造，只要定期使用微生物制剂，一般疾病较少；但要防止小杂鱼等敌害生物的侵害，因此，进水或换水时必须用40目筛绢布过滤，严防任何吃食性鱼类进入培育水体。

（4）日常管理。坚持每天巡塘，发现问题及时处理。幼虾培育方式不同，日常管理的方法有所区别。池塘条件下，主要防止缺氧和敌害生物的侵害；工厂化条件下，主要是防止水质恶化，保持氧气、水流设备正常运行。应认真登记幼虾培育的管理日志。

第三节 小龙虾土池苗种繁殖

一、繁育池构建苗种繁殖池要求

1. 繁育池选择

小龙虾繁殖池地点选择应视繁殖池用途而定。专业化的小龙虾繁育场,要求交通便利,水源洁净、丰富,土质为壤土或黏土,繁殖场与养成集中区相对分离,具有独立的进排水系统;养殖户为成虾养殖池设立的配套繁育池,应该建设在养殖区靠近居住地处,可以是在养殖池一角围成的小池塘,面积约占养殖池面积的1/10,也可以和成虾养殖池分列,面积也应达到成虾养殖池的1/10。繁育池和养成池一样,必须设置防逃板。

2. 池塘准备

小龙虾苗种繁育池塘宜小不宜大,面积一般为2~5亩,水深0.8~1.2米,集中连片的小龙虾繁殖池进、排水道应分别设置,池中淤泥厚度不大于15厘米,池底平坦,池埂坡比不小于1:1.5。为了使池塘具有更好的小龙虾苗种生产能力,池塘可以做以下改造。

(1)增加亲虾栖息面。自然界中,小龙虾繁殖活动大多在洞穴中完成,而洞穴主要分布于池塘水位线上30厘米以内,因此,增加池塘圩埂长度,可以提高小龙虾亲虾放养数量,从而增加普通池塘的苗种生产能力。方法是在池塘长边上,每隔20米沿池塘短边方向筑土埂一条,新筑土埂比池塘短边短3~5米,土埂高为正常水位线上40厘米,土埂顶宽为2~3米,土埂两边坡度不小于1:1.5。同一池塘的相邻短埂应分别设置在两条长边上,保证进水时水流呈"S"形流动;相邻池塘的短埂尽可能相连,便于后期的饲养管理。

(2)铺设微孔增氧设施。池塘微孔增氧技术是近几年来围绕"底充式增氧"涌现出的一项新技术,其原理是通过铺设在池塘底部的管道或纳米爆气管上的微孔，以空气压缩机为动力，将洁净空气与养殖水体充分混合，达到对养殖水体增氧的目的。这种增氧方式，改变了传统的增氧模式，变一点增氧为全面增氧，改上层增氧为底层增氧，对养殖对象扰动小，更好地改善了池塘养殖环境尤其是底环境的溶解氧水平，优化了水产养殖池塘的生态环境。小龙虾苗种繁育池塘塘小、草多、水浅，不适合传统水面增氧机的使用。由于虾苗密度普遍较高，因此，虾苗专门繁育池塘铺设微孔增氧设施作用更大。

池塘底部微孔增氧设备主要由增氧机（空气压缩机）、主送气管、分送气管和爆气管组成。管道的具体分布视池塘布局和计划繁苗密度等具体情况而定。繁育池如采取了增加土埂的改造，爆气管宜采用长条式设置；未做改造或池塘较大，爆气管可采用"非"字形设置或采用圆形纳米增氧盘以增加供氧效果。

二、生态环境营造

小龙虾苗种的规模化生产和其他水产苗种生产一样，也需要优越的环境条件，除要求池塘大小、深浅适宜外，还要求有丰富的水生植物、大量的有机碎屑及良好的微生态环境。因此，亲虾放养前，繁育池应做好以下工作。

1. 清塘

小龙虾的繁殖盛期在每年9—11月，为了不影响小龙虾亲虾的产卵，尽可能保证受精卵冬前孵化出苗，小龙虾繁育池清塘时间应选择在每年8月初。先将池水排干，暴晒一周以上，再用生石灰、二氧化氯等消毒剂全池泼洒消毒，彻底杀灭小杂鱼、寄生虫等敌害生物，7~10天后加水20~30厘米，进水时用60目筛绢网过滤，确保进水时不混入野杂鱼及其鱼卵。为保证繁殖池原有小龙虾也被清除干净，降水清塘前，可先将池水加至正常水位线以上30厘米，再用速灭杀丁等菊酯类药物将池中和洞中原有小龙虾杀灭，再用上述方法清塘，清塘效果更好。需要注意的是菊酯类药物使用后，药效持续时间较长，一般需1个月才能完全降解，因此，必须使用时，应在降水清塘前 20 天使用。

2. 栽草

水草既是小龙虾的主要饵料来源，也是其隐蔽、栖息的重要场所，还是保持虾池优越生态环境的主要生产者。虾苗繁育池的单位水体的计划繁苗量较大，更需要高度重视水草栽培。适宜移栽的沉水植物有伊乐藻、轮叶黑藻、苦草；漂浮植物有水花生、水葫芦等，其中，伊乐藻应用效果最好。伊乐藻原产美洲，与黑藻、苦草同属水鳖科沉水植物，20 世纪 90 年代经中国科学院南京地理与湖泊研究所从日本引进。该品种营养丰富，干物质占 8.23%、粗蛋白占 2.1%、粗脂肪占 0.19%、无氮浸出物占 2.53%、粗灰分占 1.52%，粗纤维占 1.9%。其茎叶和根须中富含维生素 C、维生素 E 和维生素 B_{12} 等，还含有丰富的钙、磷和多种微量元素，其中钙的含量尤为突出。伊乐藻具有鲜、嫩、脆的特点，是小龙虾优良的天然饵料，移栽伊乐藻的虾塘，可节约精饲料 30% 左右。此外，伊乐藻不仅可以靠光合作用释放大量的氧气，还可大量吸收水中氨态氮、二氧化碳等有害物质，对稳定 pH 值、增加水体透明度、促进蜕壳、提高饲料利用率、改善品质等都有着重要意义。

伊乐藻适应力极强。只要水上无冰即可栽培，气温在 5℃ 以上即可生长，在寒冷的冬季也能以营养体越冬，因此，该草最适宜小龙虾繁殖池移栽。在池塘消毒、进水后，将截成 15~30 厘米长的伊乐藻营养体，5~8 株为一簇，按每平方米 2~3 簇的密度栽插于池塘中，横竖成行，保证水草完全长成后，池水仍有一定的流动性。池塘淤泥少，或刚开挖的池塘，栽插每簇伊乐藻时，先预埋有机肥 200~400 克，伊乐藻生长效果将更好，伊乐藻移栽的时间最好不晚于 10 月上旬。

如果没有伊乐藻，也可选用轮叶黑藻，每年 12 月至翌年 3 月是轮叶黑藻芽苞的播种期。应选择晴天播种，播种前池水加注新水 10 厘米，每亩用种 500~1 000 克，播种时应按行、株距 50 厘米将芽苞 3~5 粒插入泥中，或者拌泥土撒播。当水温升至 15℃

时，5~10天开始发芽，出苗率可达95%。

此外，水花生、水葫芦可以作为沉水植物不足时的替代水草，但它们不耐严寒，江苏、安徽以北地区的水葫芦，冬季要采用塑料大棚保温才能顺利越冬，水葫芦诱捕虾苗的作用较大，应提前做好保种准备。

总之，移栽水草，使水草覆盖面达到整个水面的2/3左右，是营造小龙虾苗种繁育池良好生态环境的关键措施，也是土池小龙虾苗种繁育成功的重要保障。

3. 施肥

小龙虾受精卵孵化出膜后经2次蜕皮后即具备小龙虾成虾的外形和生活能力，可以离开母体独立生活。因此，小龙虾繁育池在苗种孵化出来后应准备好充足的适口饵料。自然界中，小龙虾苗种阶段的适口饵料主要有枝角类、桡足类等浮游动物和水蚯蚓等小型环节动物，以及水生植物的嫩茎叶、有机碎屑等，其中有机碎屑是小龙虾苗种生长阶段的主要食物来源。因此，小龙虾繁育池应该高度重视施肥工作。

小龙虾繁育池采用的肥料主要是各种有机肥，其中规模化畜禽养殖场的下脚料最好，这类粪肥施入水体后，除可以培育大量的浮游动物、水蚯蚓外，未被养殖消化吸收的配合饲料，可以直接被小龙虾苗种摄食利用，进一步提高了饲料的利用效率。

土池小龙虾繁育池施肥方法有两种：一种是将腐熟的有机肥分散浅埋于水草根部，促进水草生长的同时培育水质；另一种是将肥料分散堆放于池塘四周，通过肥水促进水草生长。后一种施肥方法要防止水质过肥引起水体透明度太小而影响水草的光合作用，导致水草死亡。肥料使用量为300~500千克/亩。将陆生饲料草、水花生等打成草浆全池泼洒，可以部分代替肥料，更大的作用是增加了小龙虾繁育池的有机碎屑的含量，可以大大提高小龙虾苗种培育的成活率。

4. 微生态制剂使用

小龙虾繁育池使用的有机肥及虾苗孵化出来后投喂的未被食

用的饲料很容易造成池塘水质的恶化，定期使用微生态制剂，可以避免虾苗池水质的恶化。小龙虾繁育池常用的微生态制剂是光合细菌。使用光合细菌的适宜水温为 15~40℃、最适水温为 28~36℃，因而宜掌握在水温 20℃以上时使用，阴雨天光合作用弱时不要使用。使用时应注意以下 3 个方面。

（1）根据水质肥瘦情况使用。水肥时施用光合细菌可促进有机污染物的转化，避免有害物质积累，改善水体环境和培育天然饵料，增加水体溶解氧；水瘦时应先施肥满足小龙虾苗种对天然饵料的需求，再使用光合细菌防止水质恶化。此外，酸性水体不利于光合细菌的生长，应先施用生石灰，调节 pH 值后再使用光合细菌。

（2）酌量使用。光合细菌在水温达 20℃以上时使用，调节水质的效果明显。使用时，先将光合细菌按 5~10 克/米^{3}用量拌肥泥均匀撒于虾池中，以后每隔 20 天用 2~10 克/米^{3}光合细菌对水全池泼洒；也可以将光合细菌按饲料投喂量的 1%拌入饲料直接投喂；疾病防治时，可定期连续使用，每次用光合细菌水剂 5~10 毫升/米^{3}对水全池泼洒。

（3）避免与消毒杀菌剂混施。光合细菌制剂是活体细菌，任何杀菌药物对它都有杀灭作用。因此，使用光合细菌的池塘不可使用任何消毒杀菌剂，必须使用水体消毒剂时，必须在消毒剂使用 3 天后再使用光合细菌。

三、亲虾选择与放养

1. 亲虾选择

（1）雌雄鉴别。小龙虾的雌雄很好分辨，雄虾个体较大，螯足粗壮，螯足两端外侧各有一明亮的红色软疣，腹部狭小，生殖孔开口于第五对步足基部，第五对步足后的游泳足钙化为硬质交接器；雌虾螯足较小，无软疣或软疣颜色较浅，生殖孔是一对明显的暗色圆孔，开口于第三步足基部。

（2）亲虾选择标准。用于人工繁育的亲虾应是性腺发育好、成熟度高的当年虾，因为这种虾生命力旺盛，每克体重平均产卵量高，相对繁殖力强，成熟的亲虾应具备以下标准。①个体大，雌虾体重应在 35 克以上，雄虾体重应在 40 克以上。②颜色深，成熟的亲虾颜色暗红色或黑红色，体表无附着物，色泽鲜亮。③附肢完整，用于繁殖的亲虾都要求附肢齐全、无损伤，体格健壮，活动敏捷。

（3）亲虾来源。繁殖用的小龙虾以本场专池培育为佳。亲虾应就近采购，避免长途运输。为防止近亲繁殖，生产上应有意识地将不同水域培育的雌雄虾配对，放入同一池塘繁育小龙虾苗种。

（4）雌雄配比。小龙虾发育成熟后即可交配繁殖，交配行为与环境变化有很大关联性，新环境中雌雄交配频率较高，一只雌虾可与多只雌虾交配，一只雄虾也可与多只雌虾交配，交配时两虾腹部紧贴，雄虾将乳白色透明精荚射出，精荚附着于雌虾第四和第五步足之间的纳精囊中，雌虾产卵时卵子通过纳精囊时受精。因此，繁殖用的小龙虾亲虾中，雄虾数量可以适当减少，一般雌雄比例为（2~3）∶1。如果在 9 月下旬至 10 月上旬才投放成熟小龙虾亲虾繁育苗种，可以将雄虾放养比例进一步降低，甚至可以不投放雄虾，雌虾产卵和卵子受精率几乎无影响。

2. 亲虾运输与放养

小龙虾的血液即是体液，呈无色透明状，由血浆、血细胞组成，血液中的血蓝素的成分中含有铜元素，小龙虾血液与氧气结合后呈现蓝色。小龙虾血液的特殊性和其相对坚硬的甲壳，使小龙虾受伤后外表症状不明显。目前大部分养殖户不重视小龙虾的运输和放养，结果造成小龙虾运输后放养成活率较低，小龙虾亲虾甲壳虽然比苗种更坚硬，但由于承担繁殖使命需要更强的体力，必须重视亲虾的运输与放养技术。

（1）亲虾运输。小龙虾亲虾的运输一般采取干法运输，即将挑选好的小龙虾亲虾放入特制的虾篓中离水运输。小龙虾亲虾的选择一般在每年 8—9 月，此时，气温、水温都较高，运送亲虾应选择凉爽天气的清晨进行，从捕捞开始到亲虾放养的整个过程都应该轻拿轻放，避免相互碰撞和挤压。运输工具以方形的专用虾篓为好，虾篓底部铺垫水草；亲虾最好单层摆放，多层放置的高度不超过 15 厘米，以免压伤；运输途中保持车厢内空气湿润，尽量缩短离水时间，快装快运。

（2）亲虾放养。亲虾运送至繁育池塘后，先将虾篓连同亲虾放入土池水体中反复浸泡 2~3 次，每次进水 1 分钟，出水搁置 3~5 分钟，保证亲虾完全适应繁育池的水质、水温；然后再将小龙虾亲虾放入浓度为 3% 的食盐水溶液中浸泡 3~5 分钟，以收敛伤口和杀灭有害病菌和寄生虫。亲虾放养密度视繁育条件而定，土池一般放养 2~5 只/米²。

四、亲虾强化培育

繁殖季节，小龙虾亲虾摄食量明显减小，如果再有人为干预，应激反应大，体能消耗较严重，常常造成抱卵虾死亡。因此，繁殖之前的亲虾培育至关重要。构建优良的小龙虾繁育环境，适当投饵是提高亲虾放养成活率，促进亲虾顺利交配、产卵和受精卵孵化的关键。

1. 土池环境的优化

小龙虾特殊的栖息习性决定了小龙虾集中捕捞难度较大，其掘洞繁殖特性，又会造成人工繁殖阶段的小龙虾亲虾大量死亡。因此，在人工繁育小龙虾苗种时，当发育成熟的小龙虾亲虾被挑选出来后，应尽可能减少中间环节，尽快直接放入充分准备好的繁育池塘。这就要求繁育环境特别优越。如何开展池塘繁育环境的优化，前面已有叙述。小龙虾亲虾放养前的繁育池塘，应满足：光照强度在 300~800 勒克斯，溶解氧不低于 5 毫克/升，氨态氮不超过 0.1 毫克/升，亚硝态氮不超过 0.01 毫克/升。

2. 饲料及投喂

小龙虾繁殖期间摄食量虽然小，但还是要适量投饵。适宜的亲虾饵料有新鲜的螺蚌肉、剁碎的小杂鱼、水草（如伊乐藻）、豆饼、麸皮等，其中以不易腐败的螺蚌肉等动物性饵料为好。投喂量为亲虾体重的1%左右，傍晚一次性投喂。

3. 水质控制

由于小龙虾繁育池放养密度较高，亲虾死亡在所难免，加上剩饵、粪便不断积聚，繁育池水质容易恶化。因此，必须高度重视小龙虾繁育池的水质管理工作。防止水质变化的措施有：一是通过换水或水循环设备使繁育池水流动起来，流动的水可以使繁育池整体环境更稳定；二是加强水质监测，及时开动增氧设施；三是定期使用有益微生物制剂，以人为干预的方法维持繁育土池有益微生物占据优势种群，保证良好的繁育生态环境。

4. 日常管理

主要做好"三勤三防"工作，勤换水可以防止水质变坏，繁育池塘要根据水质情况每5~7天换水10%；勤清死虾、剩饵可以防止病菌传播，减少环境负担；勤巡池可以防止鼠害和小龙虾逃逸事件发生，及时发现问题，便于提早采取措施。

五、亲虾池的冬季管理

专门开展苗种繁育的土池中，小龙虾亲虾随着气温的降低，陆续进入洞穴越冬。冬季池塘中，既有洞穴中的抱卵虾或将要产卵的亲虾，也有已经孵化出膜并离开母体的幼虾，还有产后亲虾，应该有针对性地做好管理工作，提高幼虾和抱卵虾的存活率。

1. 保持适度肥水，稳定透明度

冬季，提高土池中幼虾存活率的主要措施是保持池水适当的肥度，培养和维持土池应有的饵料生物数量。保持适当肥水应重视两个关键点。

（1）施肥时机把握。冬季水温低，各种细菌活动减缓，有机肥料分解成营养元素肥水的作用微弱或停止，大量投放有机肥，不仅不能起到肥水的作用，还可能造成春季水质太肥，各种有害物质含量太高。因此，要想保持土池冬季也能有满意的肥水，必须在细菌还有旺盛活动的水温下投放有机肥，江苏、安徽地区，一般在9月下旬至10月上旬投放有机肥。

（2）肥料品种和数量。鸡粪、猪粪、牛粪或其他品种有机肥，都含有各种营养元素，都可以起到肥水作用，但由于各种动物消化方式和能力的不同，这些动物的排泄物中所含的氮、磷、钾等营养元素的组成和含量各不相同，肥水效果差异较大。实践证明，规模化养猪场的猪粪肥效适中，小龙虾繁育池塘使用效果较好。使用猪粪肥水，既有肥水快、肥效持久的优点，又能避免透明度太小影响水草光合作用。在施用基肥的基础上，10月初根据水色变化每亩追施150~200千克。采用对水沿池边泼洒的方法，可以加快肥水速度。当然，使用粪肥必须提前发酵腐熟。

2. 维持洞穴温度，提高亲虾越冬成活率

冬季池塘的堤埂上有大量的亲虾洞穴，寒冷天气下越冬亲虾常常大量死亡。根据生产计划的不同，保证洞穴中的亲虾成活率的方法有两种，一种是提早育苗或正常育苗的池塘，应该保持池塘水位稳定，水位稳定的池塘，小龙虾亲虾冬眠的洞穴始终处在0℃以上，亲虾越冬成活率高；另一种是人为降低水位，推迟小龙虾繁育时间的池塘，应于气温降到0℃前，在小龙虾洞穴上覆盖稻草帘等柔软的植物秸秆，增加小龙虾洞穴的保温性，防止小龙虾在0℃以下时，因裸露在空气中而被冻死。完全排干池水的繁殖池还要防止老鼠、黄鼠狼侵害洞穴中的小龙虾。

六、亲虾池的春季管理

1. 适时调整水位

春季，当水温回升到10℃以上时，洞穴中的小龙虾逐渐苏醒，并陆续出洞觅食，尤其是栖息于水位线附近的小龙虾亲虾，首先感觉到温度变化并率先出洞生活。因此，可以根据苗种生产计划，有意识地加高池塘水位，逼迫小龙虾全部出洞，加快受精卵孵化进程；也可以降低水位，推迟小龙虾出洞生活，减缓受精卵孵化速度。专门的苗种繁育场，一般采用加高水位 30 厘米，并维持 5~7 天，这样育成的小龙虾苗种规格相对整齐；与荷藕池配套的池塘，一般是降低水位，人为制造池塘恶劣环境，延缓小龙虾受精卵孵化速度。

2. 提早投喂

越冬后期，水温逐渐上升，池中小龙虾幼虾活动增加，应根据池塘水色和幼虾密度，提早投喂人工配合饲料。一般水温达到 9℃以上时，就可以少量投喂破碎的小龙虾幼虾饲料或白对虾幼虾饲料。投喂量以 2~3 天投喂 1 次，每亩池塘投喂 1.5~2 千克。水温稳定在 15℃以上时，开始正常的苗种喂养。提早投喂人工饲料，可以驯化小龙虾幼虾摄食人工饲料，为春季的苗种强化培育打下基础。

3. 及时捕捞产后亲虾

仔虾离开母体后，亲虾出洞正常觅食。为防止产后亲虾对幼虾造成伤害，当产后亲虾占捕捞亲虾比例达到 60%以上时，及时用大眼地笼网捕捞产后亲虾。一起捕捞起来的抱卵虾放回原塘，产后雌亲虾及雄虾上市销售，增加经济效益。

七、幼虾培育

1. 制订生产计划

土池繁育小龙虾苗种的生产计划，因成虾养殖模式不同而不同。专门的小龙虾苗种繁育场，以对外供应不同规格的苗种为目标，为了抢抓市场，一般采取高密度放养、分批捕捞销售的生产模式，亩产虾苗一般在 15 万只以上，产量 300~400 千克；与自身池塘主养成虾配套的小龙虾苗种繁育池塘应尽可能提早繁育，并尽早放养，既可以提高成活率，也可以降低前期管理费用，一般亩产种 150~200 千克；与水稻、荷藕、水芹等植物兼作、轮作配套的繁育池，要根据不同要求，开展小龙虾苗种繁育计划的制订，有针对性的生产计划可以保证成虾养殖的计划性、稳定性。

2. 幼虾数量估算

土池繁育小龙虾苗种，春季已经孵化出膜的小龙虾数量，应该进行认真估算，为制订有针对性的幼虾培育方案提供必要的参考。方法有两种：一是微光目视法估算。对于水草较少的池塘，先在池塘近水岸放入 1 米² 的木框，木框沉入水底淤泥上，然后正常投饵，于傍晚小龙虾活动频繁时，用手电筒查看木框内幼虾数量，将手电筒光线调弱，但可以看到小龙虾幼虾，光线太强会影响小龙虾正常分布，为保证准确，可以利用木框在池塘同一部位反复估测，也可以在池塘中不同部位放置多个同样大小的木框估测。二是切块捕捞估算法。水草茂盛的池塘，小龙虾幼虾立体分布，上述方法不能准确估算小龙虾幼虾数量；先在池塘中选择一块具有代表性的区域，快速插上网围，然后将网围内的水草捞出，清点水草中幼虾数量，再用三角网反复抄捕网围内的幼虾，直至基本捕尽为止；将捕捞的幼虾数量与网围面积相比，就可以得到单位面积小龙虾幼虾数量。

3. 幼虾科学投喂

土池繁育的幼虾投喂分成两个阶段。①3 厘米以前的幼虾主要摄食天然饵料及各种有机碎屑，淤泥较肥或基肥施用多的池塘，饵料生物丰富，基本可以不投人工饲料，水质较瘦池塘，可以投喂黄豆浆或豆粕打浆全池泼洒，一般每亩用黄豆或豆饼1.5~2 千克；②幼虾长到 3 厘米后，食量逐渐增加，池塘中的饵料已不能满足需要，必须投喂人工饲料，专门配制的小龙虾幼虾料最好，青虾、白对虾破碎饵料也不错。投喂量以测算的小龙虾幼虾数量而定，一般按幼虾体重的20%左右投喂，随着小龙虾个体长大，逐渐减少投喂比例。

4. 幼虾适时捕捞

温度适宜时，仔虾经 20~30 天的强化培育，体长将达到 4 厘米以上，可以起捕分塘或集中供应市场，捕捞方法如下。

（1）密眼地笼捕捞。这是一种被动的诱捕工具，捕捞效果受水草、池底的平整度影响较大。捕捞时，先清除地笼放置位置的水草，再将地笼沿养殖池边45°角设置，地笼底部与池底不留缝隙，必要时可以用水泵使池水沿一个方向转动，以提高捕捞效率。

（2）拉网、手抄网捕捞。这两种工具是主动捕捞工具，都是依靠人力将栖息在池底或水草上的幼虾捕出。拉网适合面积较大、池底平坦、基本无水草或提前将池中水草清除干净的池塘使用，捕捞速度较快，捕捞量较大。手抄网适合虾苗密度较高和水浮莲、水葫芦等漂浮植物较多的池塘使用，可以满足小批量虾苗供应需求。

5. 幼虾运输

小龙虾幼虾阶段蜕壳速度快、甲壳较薄，用成虾的运输方式来运输幼虾，幼虾受伤严重，放养成活率较低。因此，幼虾分塘或销售主要是带水运输，1~2厘米的仔虾用氧气袋带水运输，40厘米×40厘米×60厘米氧气袋可装虾苗2 000只左右；更大规格的幼虾可以装入长方体钢筋网格箱，叠放于充液氧的活鱼运输车中运输，15厘米×40厘米×60厘米长方体钢筋网格箱可装虾苗2千克。

八、分塘

对于与成虾养殖配套的小龙虾繁育池塘，当小龙虾达到4厘米以上规格时，互相干扰加剧，应及时分塘。方法是用前述方法捕捞幼虾，并按计划放养；繁育池与成虾养殖池相连的池塘，在估算数量后，先捕出多余的幼虾，再将相邻的池埂开口，用水流刺激幼虾自己爬入养成池。

第四节　小龙虾工厂化繁殖

小龙虾工厂化繁育技术，是指新建工厂化设施，或利用已有温室、水泥池进行改造，对水质、温度、光照、水流等环境条件人为控制，为小龙虾规模化繁育营造较好条件，实现批量化、按计划生产小龙虾苗种的技术。繁育工厂一般包括后备亲虾强化培育设施、抱卵虾生产车间、受精卵孵化车间以及仔虾培育车间等。工厂化条件下，可以通过水流、温度、光照等环境条件调节，人工诱导小龙虾批量同步产卵，受精卵有计划孵化，增加生产的计划性；同时工厂中生产设施还可以多层立体式设置，单位面积出苗量高于土池繁育的出苗量。小龙虾工厂化繁育一般包含以下步骤。

一、抱卵虾生产

1. 生产装置构建

有 3 类设施可以用于小龙虾抱卵虾的生产：一是各种处于空闲季节的鱼类、虾类苗种繁殖设施，如产卵池、孵化池或苗种培育池等，这些设施一般有较完善的进排水管道，加水 30 厘米左右，投入水花生等附着物后即可以作为小龙虾抱卵虾的生产池；二是架设在池塘中的网箱，投放水花生等附着物后可以作为成熟小龙虾产卵场；三是专门设计建造的小龙虾产卵装置，这种产卵装置配备了微孔增氧和循环水处理设施，池中布置网箱若干，网箱内设置茶树枝、竹枝、水花生等附着物，池上有塑料薄膜和遮阳网覆盖，整个装置具有较强的温度、光照、水质、溶解氧、水流、水位控制能力，抱卵虾生产潜力较大，可以实现抱卵虾批量化生产。

该装置占地面积 700 米^2，南北宽 50 米，东西宽 14 米，池壁高 1.2 米。池壁以砖砌成，池底用壤土铺垫平整，进水口处池底比排水口池底高 20 厘米，近排水口处建循环水处理装置 1 套，池上建钢架塑料大棚，塑料薄膜下设黑色遮阳网一层；池中设微孔增氧设备 1 套，放置特制网箱 20 个，设人行走道两条。

该装置实现了水流、水质、光线、水温、溶解氧的人为控制，亲虾暂养密度增加到 35 只/米^2，也方便了抱卵虾收集。

2. 环境因子调节

这种抱卵虾生产方式，亲虾放养密度高，对各种环境因子的控制要求较高，否则，亲虾暂养的死亡率较高，即使雌虾勉强产卵，雌亲虾本身的活力也不强，受精卵因亲虾死亡无法顺利孵化，苗种生产工作功亏一篑。

3. 喂养

繁殖期的小龙虾摄食量较小，对采食的饵料也有较高的要求。为促进小龙虾亲虾保持体能，要求在亲虾投放后，每天傍晚前后按投放亲虾体重的 0.5%～1% 投喂一次饲料，饲料品种以剁碎的螺肉、蚌肉和小杂鱼为好。由于水泥池的水体小，自净能力差，应将剁碎的螺、蚌肉和小杂鱼清洗干净后再投喂，以减少换水量或循环水处理设施的负担。

4. 日常管理

（1）做好水质监测工作。水质变坏，引起氨氮或亚硝酸盐含量高，小龙虾亲虾应激反应强，摄食不旺，体力下降，产卵率和产卵量都受影响。经常监测水质变化、及时将水质调节到较理想状态是保证小龙虾产卵率的基础。

（2）其他各种环境因子的调节。要根据小龙虾亲虾产卵对环境的要求，做好光照、水温、水位、水流、溶解氧等各种环境因子的调节，确保小龙虾亲虾有良好、安静的产卵环境。

（3）做好清杂和巡查工作。要及时清除死虾和剩饵，及时清除腐败的水生植物；认真巡查亲虾放养设施的运行情况，及时修复损坏的设施、设备，保证正常运行。

（4）严防鼠害的发生。由于工厂化产卵设施水浅、水清，放养密度又高，水泥池和网箱里的小龙虾极易遭到水老鼠、黄鼠狼的捕食，要以各种方法防止鼠害的发生。

5. 抱卵虾收集与运输

成熟的亲虾放入产卵设施后，暂养一段时间后分批产卵，抱卵虾和雄虾、未产雌虾同池高密度共处，将影响受精卵孵化率和抱卵虾本身的生存。因此，水泥池或网箱等非洞穴产卵设施出现抱卵虾后，应及时分批将抱卵虾隔离出来，放入条件优越的孵化设施中开展受精卵的孵化。

（1）抱卵虾的收集。小龙虾亲虾的产卵环境要求尽可能地少受干扰，水泥池频繁排水或网箱不断抬起清理抱卵虾的操作，必然对小龙虾亲虾的产卵产生影响；而清理次数少，又会造成受精卵发育不齐，影响后续孵化工作。因此，要经常检查抱卵虾产出情况，掌握合理的抱卵虾清理频度。一般是根据孵化条件和抱卵虾产出数量确定清理频度，控温孵化时，要求受精卵发育尽可能同步，3~4天清理一次比较合理，常温孵化时，7~8天清理一次较好。

（2）抱卵虾的运输。同大部分受精卵一样，胚胎发育的早期极易受到环境因子的影响。因此，受精卵从产卵设施中分离出来时，尽量避开强烈的光照，保持湿润或带水环境。清理抱卵虾时，一定要轻拿轻放，装运时单层摆放，避免相互挤压、碰撞，运输途中要避光、透气，尽可能缩短运输时间和距离。短距离运输可以采用干法运输，长距离运输最好带水运输。

二、受精卵孵化

与工厂化生产抱卵虾方法相配合，抱卵虾也可以集中放养。人为控制水温，使小龙虾亲虾栖息水体的温度达到小龙虾受精卵最适宜的孵化温度，可以促进受精卵孵化进程的加快。根据小龙虾栖息习性，设计、构建的小龙虾抱卵虾集中放养和受精卵控温孵化设施，孵化效率高，它可以像其他水产养殖动物一样，实现规模化产苗和有计划供苗。

1. 控温孵化装置的设计和构建

由原工厂化循环水养鱼车间部分水泥池改造建成。面积 50 米^2，改造原有进排水管道，配备简易水处理设施，形成封闭循环水系统；配备自动电加热装置，保证孵化用水水温的可控性；每口水泥池还设置了同样大小的密眼网箱 1 只（网目 40），网箱内放置抱卵虾暂养笼若干。创造受精卵适宜的水流、水质、光线、温度、溶解氧等环境条件，促进受精卵有计划孵化。

2. 抱卵虾的放养与受精卵孵化结果

抱卵虾放养量为 20~40 只/米^2，2007 年 10 月 15 日—11 月 1 日，将 3 960 只抱卵虾分成 3 批，采取 3 种温度模式进行孵化试验，共获 0.6~1.2 厘米幼虾 71.6 万只。2007 年控温孵化试验，剔除死亡抱卵虾后，平均孵化率为 81.6%。

3. 离体孵化

小龙虾受精卵黏附于雌亲虾的腹肢上，连接卵和腹肢的柄由小龙虾产卵时排出的黏液硬化而成，有雌亲虾精心护理时，受精卵尚不至于从母体脱落，但受外力拨弄后，比较容易和腹肢分离，分离的受精卵在环境条件适宜的情况下仍可以正常孵化成仔虾。小龙虾受精卵的这种特性为离体孵化提供了可能。

小龙虾苗种生产中，受精卵较长的孵化过程对雌亲虾的体能是个严峻的考验，池塘洞穴孵化环境和人工构建的非洞穴孵化设施中都出现了抱卵虾死亡现象，尤其是后者，抱卵虾的死亡率更高，有的达到 50% 以上。抱卵虾死亡引起的受精卵损失给苗种生产造成较大的被动。如何减少因抱卵虾提前死亡引起的受精卵损失，科技工作者已研究、开发出了小龙虾受精卵的离体孵化新技术，该技术主要由受精卵剥离、集中孵化和仔虾收集几个部分组成。

（1）孵化装置的构建。小龙虾受精卵比重略大于水，被剥离的受精卵静置于水中时，沉在水底；自然状态下，刚孵化出的小龙虾仔虾自主活动能力差，必须附着于雌亲虾的附肢上。这两种特性决定了小龙虾受精卵的离体孵化装置应具备两种功能：一是必须有定时翻动受精卵的能力；二是刚孵化出的仔虾有附着的载体。因此，离体孵化装置应在孵化床的上方设置喷淋器，不间断喷水，保持受精卵始终处于流水状态，为防止受精卵局部缺氧，受精卵孵化床的底部设置定时拨卵器，每隔 2~3 分钟翻动受精卵一次；根据孵化水温预测小龙虾胚胎破膜时间，于破膜前 3~5 小时放入经严格消毒的棕榈皮等附着物。

（2）受精卵的剥离。小龙虾胚胎受温度、光线等多个因子影响，剥离受精卵时，要特别注意环境条件的变化，防止由于环境条件巨变引起胚胎死亡。为减少受精卵运输的时间和在空气中暴露的时间，可以在产卵池边设置临时手术间。手术间必须避强光、避风、保温，各种手术用具经严格消毒。受精卵剥离时，用左手将小龙虾抱卵虾抓住，使卵块朝向带水容器，用右手持软毛刷从前向后轻轻刷落受精卵。剥离受精卵的操作关系到胚胎受损害的程度，也直接影响着孵化率。因此，操作过程一定轻、快，尽可能缩短操作时间。

（3）受精卵离体孵化管理。孵化过程主要做好温度控制、水流管理和霉菌防治3项工作。一是温度控制，受精卵离体孵化装置的用水量较少，可以在水源池中添加电加热器和温度自动控制仪来调节孵化用水的温度，较适宜的孵化温度为22～24℃；二是水流管理，静置于孵化床上的受精卵靠上方喷淋和池底的拨水装置满足溶解氧要求；三是霉菌防治，离体孵化的受精卵，应坚持用甲醛溶液对受精卵进行浸洗杀霉、防霉处理，甲醛的浓度为70～100毫升/升，浸洗时间为15分钟，两次浸洗之间的间隔为8小时。为减少未受精卵和坏死胚胎对正常胚胎的影响，每天应对受精卵漂洗，尽可能将坏死卵分离出去。

（4）仔虾分离和内源营养期管理。受精卵经2周左右的孵化，胚胎会陆续破膜成为仔虾，此时的仔虾尚不能独立生活，需要依附在像雌亲虾腹肢一样的附着物上，靠卵黄继续支持生命活动所需要的能量，直到再完成2～3次蜕皮，具备独立觅食能力，再离开附着物营外源性营养生活。受精卵离体孵化情况下，这个阶段的管理很重要，既要将刚孵化出的仔虾和受精卵分离，又要营造仔虾的生长发育所需要的条件。

具体做法：在胚胎破膜前3～5小时，将消毒好的棕榈皮、水葫芦根须等附着物吊挂在受精卵上方的水中，出膜的仔虾依附于附着物上，再将附着物连同仔虾一起移入虾苗培育池，经3～5天的暂养，仔虾逐渐分散觅食，开始正常的苗种培育。

受精卵的离体孵化技术仍处于试验阶段，孵化率较低，目前尚未生产性应用。苗种生产实践中，这种方法可以作为因抱卵虾死亡引起受精卵损失的补救措施。技术成熟后，可以主动将所有抱卵虾腹肢上的受精卵剥离，再集中孵化，可大大节约小龙虾受精卵的孵化成本，为小龙虾苗种的有计划、批量化供应提供新途径。

三、幼虾培育

工厂化条件下，小龙虾幼虾培育主要指 3 厘米之前的幼虾标粗，这个阶段小龙虾活动能力差，需要精心管理。

1. 饵料生物培养及投喂

（1）饵料生物培养。水泥池等工厂化设施中，饵料生物培育及配套难度较大。为增加计划性，应先在培育池附近准备专门的饵料生物培养池，采用人工接种、科学肥水培育高密度饵料生物，再根据幼虾培育池饵料密度不同，有针对性地捕捞饵料生物活体投喂。这种方法既可以满足仔虾开口需要，也可以防止幼虾培育池水质因为肥水而过早恶化。

（2）人工配合饲料。水泥池等工厂化环境，不能像土池那样产出各种底栖生物。因此，当幼虾达到 1.5 厘米以上规格时，人工投喂的饵料生物已不能满足小龙虾生长的营养需要，应该搭配投喂人工配合饲料，并逐渐过渡到全部投喂人工饲料。水泥池面积较小，可以选用白对虾开口微颗粒饲料投喂，投喂量一般每天每平方米投喂 1~2 克，每天投喂 4~6 次，前期每天投喂 6 次，随着幼虾个体长大，逐渐减少到 3~4 次，少量多次投喂，既符合幼虾摄食节律，又可以减少饲料浪费。

2. 水质管理

幼虾培育阶段，随着人工配合饲料的投喂，池底和水质不断恶化，使用微生物制剂调节和定期换水是保持优良水质的主要手段。微生物制剂一般选用光合细菌，每 5~7 天使用一次，既可以改善水质和底质，又能为小龙虾幼虾提供一部分生物饵料；培育后期，根据水质指标测定情况，换水可以作为微生物制剂调节不足的补充手段使用，为防止水质变化太大，引起小龙虾幼虾应激反应，每次换水不超过20%。

四、分养

水泥池等工厂化条件下，可以在培育池中预设网箱，待幼虾生长到需要的规格时，将网箱收拢，可一次性将幼虾捕出，这种方法适合较小的培育池使用。较大的水泥池，可以提前移植水花生、水葫芦，再用三角抄网捕捞。

利用工厂化设施开展小龙虾苗种繁育，一般是为了依靠工厂化条件，促进受精卵孵化进程加快，因此，工厂化小龙虾苗种生产主要在秋冬季进行。苗种出池时，幼虾培育池和外放池塘环境差异较大，尤其是温度。如何将工厂化繁育设施生产的小龙虾苗种顺利分养成功，是决定工厂化苗种生产成败的关键。要做好两项工作：一是幼虾培育池降温处理，当幼虾培育池水温超过外放土池水温3℃以上，应该用常温水掺兑培育池，使培育池逐步降温，降温速度要缓慢，一般一昼夜降温2℃以内，当培育池温度与外塘温度相同时再开始捕捞分养；二是分养池环境营造，计划分养的小龙虾池塘应提前做好准备，彻底清塘、施用基肥、移栽水草，营造优越的生态环境，可以提高小龙虾幼虾分养成活率。

第五节　成虾养殖池苗种生产

在小龙虾成虾养殖池直接开展小龙虾苗种生产，是养殖户最早进行的苗种繁育工作。该方法无须另外建立繁殖设施，成熟的小龙虾自己在养殖池埂打洞进行繁殖活动，具有投资少、管理简单的优点。但缺点也较明显：一是繁苗数量无法准确把握，苗种繁育过多，成虾养殖规格小，而且水草保护难度大，小龙虾商品品质较差；二是反复自繁自养，造成小龙虾近亲繁殖严重，小龙虾个体逐渐变小。本节将针对这些缺点，讲解成虾池小龙虾苗种繁育应注意的事项。

一、池塘准备

各种适宜开展小龙虾成虾养殖池塘均可以开展小龙虾自繁自育。池塘中高出水面的各种埂、岛是小龙虾开展繁育活动的必要场所，这些埂、岛的正常水位线长度是影响繁苗数量的重要指标。因此，除四周池埂外，池中高出水面的隔埂、小岛周长要认真统计，做到心中有数。小于 10 亩的池塘，中间的隔埂、岛最好去掉，超过 30 亩的池塘，隔埂、岛周长不要超过四周池埂的 30%。

二、生态环境营造

与繁育活动相关的环境营造，主要是指在受精卵孵化出膜，雌亲虾带着仔虾下塘前，要营造优越的幼虾培育条件，提高幼虾培育成活率，具体做法有以下 3 点。

（1）加强捕捞，清除池塘中所有敌害生物。对于小龙虾幼虾来说，敌害生物包括池塘中所有鱼、虾、蟹等，彻底的清除方法是干塘清整、药物消毒。具体方法同土池繁育。

（2）适当施用基肥，增加有机碎屑，培育饵料生物。方法同池塘主养成虾。

（3）水草移栽，营造立体生态环境。

三、亲虾数量控制与种质改良

小龙虾雌亲虾个体大小和数量决定着受精卵总数，也决定着最终的苗种产出数量。利用成虾池繁育小龙虾苗种，目的是与成虾养殖相配套，繁育数量以满足自身需要为标准。因此，小龙虾亲虾，尤其是雌亲虾数量调查与控制非常重要。

1. 雌亲虾需要数量测算

可以用下列经验公式测算雌亲虾需要数量。

$$S = N \times m / P \times r \times q$$

式中：S 代表雌亲虾需要数量；N 代表计划总产量；m 代表成虾平均规格（单位重量小龙虾只数）；P 代表雌亲虾仔虾平均产出数量；r 代表 4 厘米大规格苗种成活率；q 代表成虾养殖成活率。

根据试验和生产实践证明，营养正常的小龙虾雌亲虾，规格在 35~45 克雌虾仔虾孵出数量平均为 400 只；清塘彻底的成虾池，4 厘米以上的苗种培育成活率一般在 50%~60%，成虾养殖成活率 80% 左右。这 3 个数值受日常管理因素影响较大，测算雌亲虾需要量时，养殖户应根据自己的管理技术和往年经验确定。

2. 雌亲虾数量控制

确定了雌亲虾数量后，就要对成虾塘留存的雌亲虾进行详细调查，超出需求的雌亲虾要通过人工方法去除，不足时要补放。

3. 种质改良

利用成虾池塘自繁自养超过两年以上的池塘，应考虑小龙虾种质退化的问题。可以在繁殖季节引进外源成熟亲虾，引进量与留存亲虾数量相当，引进地与养成池距离尽可能远；引进的亲虾要经过性状选择，确保引进的小龙虾种质优良。引进时间最好在9 月前。

四、苗种生产管理

成虾池繁育小龙虾苗种，苗种阶段的管理至关重要，决定着小龙虾成虾养殖的规格和产量。一般应掌握以下关键点。

1. 幼虾数量测算与控制

春季，当小龙虾雌亲虾全部出洞，仔虾全部离开母体后，要及时测算幼虾数量。数量过多，在规格达到 4~6 厘米后及时捕捞出塘，数量不足时也应该就近购买。确保成虾生产按计划进行。

2. 饲料选择与喂养

成虾养殖池，一般都比专门的小龙虾苗种繁育池大，成虾池繁苗又是以自用为主，因此，幼虾密度比较低，生产管理上较为简单。如果池塘已按前述进行了清塘、施肥及水草移栽，生态环境良好，前期基本无须投喂任何饲料，当幼虾规格达到3~4厘米后再开始投喂人工饲料。饲料仍以虾蟹开口饲料为主，搭配投喂麦麸、米糠等富含有机碎屑的谷物饲料。饲料每天投喂一次，投喂量为幼虾体重的15%左右；投喂时，沿有洞穴的池埂遍撒，投饵距离以离池埂7~8米为宜。

3. 产后亲虾捕捞

同土池专池繁育一样，产后亲虾应及时捕捞。

第六节　小龙虾提早育苗

刚孵化出的小龙虾仔虾营自营养生活，仍依附于雌亲虾的游泳肢上，经2~3次蜕皮即具备了完全的生活能力，陆续离开母体独立觅食，此时的仔虾体长在0.7厘米左右，分散栖息于池底、水生植物等各种附着物上。普通池塘中，这种小规格苗种的密度稀，很难集中，只能待其长到4~6厘米的较大规格，可以用小网目地笼捕捞时，才能集中起来，或分配到成虾池养成成虾，或者对外供应。通常所指的小龙虾苗种是指这种便于捕捞，可以集中出池，规格达到4~6厘米的大规格龙虾；而控温孵化或专门的高密度繁育土池中，虾苗密度大，规格相对整齐，可以用棕榈片、废旧渔网、水葫芦根须等诱捕，也可用抄网从附着物下抄捕，还可以用密眼拉网扦捕，这种方法生产出的虾苗便于集中，规格在1~2厘米，可以称为小龙虾小规格苗种。上述规格的小龙虾苗种，都可以出现在3月。成虾养殖的主要在4—6月，如果3月就有大规格苗种，成虾养殖就有了较好的种苗基础，成虾上市早，价格高，经济效益就有保证；如果3月苗种规格仅达到1~2厘米，小龙虾的成虾上市晚，高温季节尚有大量虾未达到上市规格，捕捞难度加大，病害也较多，最终的产量和效益不稳定。在小龙虾繁殖期内，尽早开展育苗工作，可以实现早春即有大规格苗种。下面介绍小龙虾提早育苗的技术要点。

一、常温下提早育苗技术

1. 亲虾投放要早

常温条件下，要实现小龙虾的提早育苗，最关键的是提早获得抱卵虾，再依靠尚处于高位的自然温度，小龙虾的受精卵即可于秋季孵化成仔虾。因此，常温下，提早育苗的小龙虾亲虾应于8月中旬前投放；投放的亲虾体重要求在35克以上，体色紫红，附肢齐全，活动能力强，抽样解剖后的雌虾性腺呈褐色；亲虾放养数量同正常育苗。

2. 育苗池水位稳定

亲虾投放后，经短暂的环境适应后，会陆续打洞产卵，由于此时的温度一般在24~28℃，亲虾仍会出洞觅食，适宜的环境加上较高的水温，受精卵会在10天左右孵化出仔虾。为了满足小龙虾亲虾的生活需要，育苗池水位要保持稳定，既不能小于正常水位线引起抱卵虾提前穴居，也不能超过正常水位线，甚至淹没洞穴，使亲虾重新打洞，从而影响雌亲虾的正常产卵。

3. 精心培育幼虾

在做好上述两项工作后，受精卵将于9月中上旬孵化出仔虾，此时的温度非常适宜小龙虾幼虾的快速生长，在捕捞产后亲虾的同时，立即开展幼虾的培育工作，确保于10月中上旬完成小龙虾苗种的标粗，使幼虾规格达到2~3厘米。

4. 提早分塘养殖

密度过大，或饵料匮乏时，小龙虾具有自相残杀的习性，因此，育成的小龙虾幼虾应尽快分塘养殖。在池塘条件下，一般是在幼虾规格达到可以用密眼地笼起捕时分塘养殖，当然也可以用手抄网从漂浮植物丰富的根须下抄捕更小的小龙虾幼苗提早分养，后一种方法使小龙虾苗种的产量更高，分养出来的小龙虾幼虾冬季前达到的规格更大。

二、工厂化条件下提早育苗技术

8月，小龙虾成熟比例较小，因此，依靠常温进行小龙虾的提早繁育，不易实现规模化的目的。但依靠工厂化条件，可以克服自然温度的限制，实现小龙虾苗种工厂化提早繁育。工厂化条件是指将小龙虾苗种的繁育条件设施化，使得小龙虾苗种的生产计划性更强，单位产量更高；工厂化还包括繁育的温度、溶解氧等环境条件可以人为控制，使得小龙虾苗种生产可以根据成虾养殖生产的需要提早或推迟苗种产出时间，满足生产需要的苗种数量。因此，将小龙虾苗种繁育的各个环节进行设施化建设，使得繁育条件工厂化，可以作为提早育苗的一种途径。这些条件包括：一是根据小龙虾可以在水族箱、水泥池中正常产卵的试验结果，设计、建设小龙虾抱卵虾的专门产卵装置；二是根据小龙虾胚胎发育进程受温度控制的规律，设计、构建小龙虾受精卵的控温孵化装置；三是开展小龙虾幼虾强化培育的工厂化养殖条件的构建。这些设施的设计，前面已有介绍，本节仅对工厂化条件下的提早育苗技术作简要说明。

1. 亲虾选择

亲虾是小龙虾苗种繁育的基础，亲虾成熟得早，产卵也快。因此，选择健康、成熟度好的小龙虾亲虾，确保具有充足的受精卵来源，是实现提早繁苗的基础。

2. 控制好环境条件，促进同步产卵

成熟度好的小龙虾亲虾在如前所述的专门产卵装置中，在水流、光照、温度等多个因子的人工诱导下，将相对同步地产卵。根据产卵比例，将抱卵虾分批集中，为受精卵的控温孵化做好准备。

3. 控温孵化

温度是影响孵化进程的最主要因素，在适宜的范围内，适当提高孵化温度是实现提早育苗最直接的手段，但过高的温度也会造成胚胎发育畸形或死亡，尤其会导致抱卵虾的死亡，适宜孵化温度为 22~24℃。

4. 强化培育，提高苗种规格

受精卵经 10 天左右的孵化，仔虾陆续出膜，经 3~5 天的暂养，仔虾将离开雌亲虾独立觅食。为迅速提高苗种规格，可以利用温度较高的孵化池直接开展苗种培育工作，再经 5~7 天的强化培育，小龙虾蜕皮 2~3 次，规格达到 2 厘米左右后，将培育池水温逐步降低至室外水温，集中幼虾后放入室外苗种培育池，继续进行苗种培育；或计数后，按放养计划直接放入养殖池开展成虾养殖。

第七节　小龙虾延迟育苗

小龙虾最适宜的生长水温在 15~28℃，也就是每年的春秋季，秋季是主要的繁殖季节。因此，小龙虾成虾养殖的主要季节在春季，为了充分利用好春季，尽可能在春季完成小龙虾养殖全年的生产任务，就要求开春后，水温达到 15℃以上时就有 3 厘米以上的大规格苗种，因此育苗工作必须于上一年进行，提早育苗，可以更好地实现这个目标。这是目前小龙虾养殖普遍采取，或希望采取的小龙虾养殖制度。但也有一些养殖模式，要求小龙虾苗种供应的时间延后，也就是要求苗种提供时间比目前大量供应苗种的春季还要晚，延迟到 5 月甚至是 6 月，以减少对与其共生的水生经济植物的影响，达到小龙虾生产和经济植物生产配套进行，获得更高的经济效益。此外，小龙虾成虾多茬生产，也需要小龙虾苗种推迟供应配套。下面是小龙虾延迟育苗的技术要点，供需要者参考。

一、干涸延迟育苗的技术要点

将小龙虾苗种繁育池的水排干，人为制造相对恶劣的生存环境，迫使小龙虾亲虾进洞栖息，等到需要小龙虾苗种时，再加水至小龙虾洞穴之上，小龙虾抱卵虾或抱仔虾在池水的刺激下，带卵（或仔虾）出洞生活，受精卵迅速孵化成仔虾，已经孵化成的仔虾，则很快离开雌亲虾独立觅食。这种做法，可以实现小龙虾延迟育苗的目的。

1. 亲虾投放

为实现翌年 5 月或 6 月后出苗的目的，放养亲虾的时间应推迟到水温下降至 15℃ 以后，已经成熟的亲虾将会继续产卵，尚未完全成熟的亲虾将于翌年春天成熟后产卵。自然条件下，这些抱卵虾都在洞穴中栖息，池中无水时，受精卵的孵化进程将减缓。亲虾投放数量同正常苗种繁育技术。

2. 排水

为了迫使小龙虾亲虾进洞穴居，在亲虾放养后，应逐步排干池水，在干涸的池塘和寒冷的冬季，小龙虾无处栖息，只好打洞穴居，有些亲虾还以泥土封住洞口。池水完全排干时的气温不应低于 10℃。

3. 保温管理

排干池水的池塘，小龙虾的洞穴完全暴露在空气中，如果洞穴不够深，小龙虾会因寒冷而冻死。因此，排干水的池塘，冬季必须重视小龙虾洞穴的保温，主要做法是洞穴集中区覆盖保温的植物秸秆，或将洞穴集中区压实。

4. 适时进水

穴居在洞中的小龙虾抱卵虾经过漫长的冬季，体力消耗极大，春天的受精卵已孵化成仔虾，必须适时进水，恢复正常的小龙虾生活环境。6 月上旬是洞穴中小龙虾能承受的最晚时间。应根据生产安排，尽快进水，激活小龙虾新的生命历程。

二、低温延迟育苗技术

小龙虾受精卵的孵化进程受温度控制，要想延迟育苗，降低孵化温度，就可以实现延迟育苗，因此，要求繁育设施具有温度控制能力,这只有在工厂化育苗的条件下才能实现。在完成抱卵虾生产后,将抱卵虾集中放入低温水池长期暂养,根据生产需要,分期分批将抱卵虾从低温池中取出,逐步升温到正常孵化温度,有计划地孵化出仔虾,从而实现苗种的有计划生产和供应。运用该技术应该注意的事项有以下3个方面。

1. 抱卵虾生产

靠降低抱卵虾暂养水温来推迟育苗时间的前提是能将抱卵虾集中起来,因此,抱卵虾必须是在非洞穴产卵装置中生产,这样才能实现抱卵虾的集中暂养。当然,为了推迟育苗,亲虾的产卵时间也要尽可能地推后。

2. 抱卵虾的低温暂养

靠自然温度繁殖小龙虾苗种时,抱卵虾集中出现时间在9月下旬至10月上旬,此时产出的受精卵靠低温延迟其胚胎发育进程,一直到翌年的5~6月,前后长达7~8个月,这对亲虾本身和低温暂养条件都是严峻的考验,因此,必须做好以下几点。

(1)严格消毒。亲虾交配、产卵,抱卵虾的收集操作,必然引起亲虾或多或少地受伤。推迟育苗又必须将抱卵虾长期暂养。因此,为防止亲虾伤口溃烂,也为孵化暂养环境不被外源致病菌感染,抱卵虾进入暂养池前,必须进行严格的消毒,消毒的药物可以采用低刺激性的聚维铜碘等高效杀菌防霉制剂。

(2)严控温度。根据低温暂养抱卵蟹延迟育苗的经验,小龙虾抱卵虾的低温暂养水温为4℃,这和产卵池的12℃最低水温相差较大,急速降温,将会对胚胎发育产生极为不利的影响,因此,抱卵虾放养时,必须做好降温处理,降温梯度为每24小时降低1℃为宜;暂养期间,严格保持水温恒定,绝不可以或高或低。

(3)精心管理。低温暂养延迟胚胎发育的设想源于小龙虾受精卵孵化进程在环境条件不适宜时可以长达数月,这期间,小龙虾亲虾不活动,不进食,完全处于休眠状态,人为创造的低温暂养环境也必须营造小龙虾休眠环境。因此,整个低温暂养期间,要有专人负责，严控温度的同时，还应该控制光线，尽量减少因日常管理对亲虾的惊扰，保持环境安静。

3. 受精卵的继续孵化

根据生产需要，分批将抱卵虾从低温暂养池中保温转入孵化车间，逐步提温至设计的孵化温度，这里的关键点是对升温速度的控制。由于小龙虾胚胎在长期低温条件下，发育很慢，过快升温会造成胚胎发育的异常，因此，升温过程必须缓慢，一般升温梯度也是 1 天 1℃。温度升到设计孵化温度后的孵化管理，和正常受精卵的要求一样。

第五章　小龙虾成虾养殖技术

第一节　池塘养殖小龙虾

将已达到一定体长的幼虾继续饲养，长到达到上市规格的商品虾，是小龙虾成虾养殖的最终目的。池塘养殖模式具有池塘小、人力易控制的特点，把握成虾阶段的生长规律和所需要的外界条件，是提高单位面积产量、上市规格及成虾养殖技术的关键。

一、养殖场地的选择

养殖户普遍认为小龙虾在污水沟中都能生存，适应性很强，因此，任何地方都可以养殖小龙虾。其实这种想法是错误的，虽然小龙虾在恶劣的环境中也能生存，但在这种环境下生长的小龙虾基本不会蜕壳生长（或生长极为缓慢），存活时间不长，成活率极低，有的甚至不会或很少交配繁殖。因此，选择龙虾养殖场地时既要考虑小龙虾的生活习性，也要考虑到水源、运输、土质、植被、饲料等各方面的情况，综合分析各方面的利弊，这直接关系到养殖的经济效益。养殖户务必做到因地制宜，综合规划，搞好生产配套，力求发挥虾场的综合功能。

1. 位置

选择通风向阳、靠近水源、水质良好、饵料来源丰富、环境安静、交通和供电方便的地方。

根据生产实际情况，供电量往往差异很大。总的原则是：①一定要有动力电源（380伏）；②保证充分供电量，保证排灌机械、饲料加工机械、增氧机和投饵机等正常运行；③保证持续供电，不停电或极少停电。

2. 水源和水质

虾塘选址前要掌握当地的水文、气象资料。江河、湖泊、沟渠、水田、湿地和水库等丰富的地表水和地下水都可以作为养龙虾的水源。只要旱季能储水备旱，雨季能防洪抗涝就行。

水源水质应相对稳定在安全范围内，因为小龙虾对水质的要求比较高。尤其是在高温季节，应保证池水有必要的交换量。对于水源，必须保证水量充足、水质清新无污染。要求离养殖场周围 3 千米以内无污染源。养殖场地用水包括食用水和养殖用水，二者都必须达到一定的标准。食用水必须符合我国饮用水的相关标准；养殖用水水质必须符合《渔业水质标准》（GB 11607—1989）和《无公害食品淡水养殖用水水质》（NY 5051—2001）的要求。

3. 土质

在小龙虾虾池选址时一定要对土质进行必要的检测。土质以黏土为宜，沙土质或土质松软的地方不可建造小龙虾养殖场地。小龙虾有掘穴、穴居的习性，在沙土质或土质松软的地方掘的洞穴极易坍塌。一旦坍塌，小龙虾会进行反复修补，这对小龙虾的体力消耗很大，极大影响小龙虾的生长、交配、产卵、孵化、繁殖，甚至影响到小龙虾的越冬成活。虾池选址对土质的化学成分也有一定要求。虾池中不能含有过多的铁。铁离子在水中形成胶体氢氧化铁或氧化铁，呈赤褐色沉淀，附于小龙虾鳃丝上，不利于小龙虾呼吸，特别对虾卵孵化和幼体虾危害较大。另外，利用荒地建造虾池时，要注意土壤中是否存在有毒有害物质。人为或自然造成的过酸性地带，埋置工业垃圾的地区，不适宜建虾池。

4. 地形

地形的选择也有一定的原则：一是尽可能地减少施工难度、施工成本；二是便于养殖管理，节省劳力、投资及运营成本。如把虾池建在低洼平整的地方，工程量可以达到最小，投资达到最省，灌排方便，便于操作管理。

地形在小龙虾选址中作用很大，应充分考虑地形的防风、防旱、防洪作用。利用好地形，还能利用太阳能、风能增加产量。若能建成排灌自流，则能节省养殖中的能耗。

5. 进、排水方便

在进水口和出水口都要设置屏障，前者可防止野杂鱼进入水池，后者可防止小龙虾逃逸。出水口的设计要能控制水位。为了在捕捞时能排尽池水，还需要建造水道，充氧和流水可避免小龙虾因缺氧而造成损失。

6. 通信与交通

便利的交通、方便的通信对于建立小龙虾养殖场至关重要。养殖场离不开饲料、物资的运输，产品上市输出，对外联络以及信息交流等事项。

二、池塘的准备

1. 虾池建立的条件

（1）成虾池的选择首先要满足 3 个条件：路通、电通和水通。其次要有充足的水源，良好的水质，土质坚实，排灌水便利。此外，虾池周围的环境要相对安静。想要提高小龙虾的商品价值，多余的淤泥必须清除，底泥不宜过深。

（2）小龙虾成虾养殖阶段需要较大的空间，此时它们生长最快。一般面积需 6~10 亩，水深 1.5~2 米。

（3）虾池的进、排水系统要完善。池塘要保证不渗漏水，池埂宽度在 1.5 米以上。池埂要有一定的坡度，坡比相对大些为好。

（4）要在池中分别设立浅水区和深水区。浅水区面积要占到2/3 左右，深水区的水位可达 1.5 米以上。可在池埂内侧留出宽0.8~1 米的平台，既满足了小龙虾喜欢打洞穴居的习性，同时也可作为投喂饵料的食台。

（5）小龙虾掘洞栖息需要一定的场所，可在每个池中留出

2~3个露出水面的土堆或土埂，这些区域要占池面的2%~5%。

2. 防逃设施的建设

养殖虾塘进水或下大雨的天气，易发生小龙虾逃逸现象。小龙虾的攀爬逃跑能力和逆水性非常强。因此，修建虾塘时一定要安置完善的防逃设施。

石棉瓦、水泥瓦、塑料板、加塑料布的聚氯乙烯网片等都是较好的防逃设施材料。养殖者可以因地制宜，达到取材方便、牢固、防逃效果好的目的就行。

进、出水口应安装防逃设施，为了严防野杂鱼混入，进水时可用60目筛网过滤。

3. 水草的培育

水草不仅是小龙虾的饵料，还是小龙虾栖息的场所，同时能起到改善水质的作用。渔民们常说："要想养好虾，先要种好草"，这条谚语告诉我们只有种好水草，才能把虾养好。

三、成虾池的清整

作为小龙虾生活栖息的场所的池塘，其环境好坏直接影响到小龙虾的生长和健康。因此，在放虾之前，要去除撇泥，平整池底，认真进行池塘修整，使池塘具有良好的保水性能。通常，虾塘经过一年的养殖，各种病原体以不同的途径进入池中，加上池里杂草丛生，塘底淤泥沉积过多等因素，也促进了病原体的繁衍。为预防虾病，必须坚持每年清塘消毒。清塘消毒的方法多种多样，目前主要有常规清塘和药物清塘两种。

1. 常规清塘

冬闲时，可将存塘的虾捕完，排干池水，挖去过多的淤泥，将池底日晒1~15天，既可以使池塘土壤表层疏松、改善通气条件，又可以加速土壤中有机物质转化为营养盐类，还能达到消灭病虫害的目的。

2. 药物清塘

生石灰、漂白粉和茶籽饼等是常用的清塘药物。其中，生石灰、漂白粉效果较佳。消毒一般安排在亲虾或虾苗放养前 10 天左右。清塘消毒的主要目的是将池中的野杂鱼及有害病原体彻底清除。

（1）生石灰清塘。生石灰具有来源广泛，使用方法简单的特点。虾池整修后，晴天就可进行清塘消毒，一般 10 厘米水深用生石灰 50~75 千克/亩。需要注意的是生石灰需现用现化，趁热泼洒全池。使用生石灰消毒有两大好处，一是提高水体 pH 值，二是增加水体中钙的含量，可促进亲虾生长蜕皮。7~10 天后，生石灰药效基本消失，此时即可放养亲虾。

（2）漂白粉、漂白精清塘。使用漂白粉清塘的有效成分为次氯酸和氢氧化钙，其中次氯酸有强烈杀菌作用。一般清塘用药量为漂白粉 20 毫克/升、漂白精 10 毫克/升。使用时用水稀释，泼洒全池，还要注意施药时应从上风向向下风向泼洒，以防药物伤及眼和皮肤。药效会残留 5~7 天，过后即可放养亲虾。使用漂白粉应注意以下事项：①把漂白粉直接放在空气中，容易使其挥发和潮解，使用前应将其存放在干燥处。把漂白粉放在陶瓷器或木制器内密封，可以很好地保存漂白粉，避免失效。②泼洒漂白粉溶液千万不能采用金属制器，金属制器会腐蚀漂白粉而导致其药效降低。③使用漂白粉的操作人员一定要佩戴口罩和橡胶手套，同时切记不能在下风处泼洒，以防中毒。同时要防止衣服沾染药剂而被腐蚀。

（3）茶籽饼清塘。在我国南方各地，渔民普遍使用茶籽饼来清塘。茶籽饼对鱼类有杀灭作用，但对甲壳类动物无损伤。具体用法为：将茶籽饼敲碎，用水浸泡，水温 25℃时浸泡 24 小时，使用时加水稀释全池泼洒，用量为 35~45 千克/亩（1 米水深）。清塘后 7~10 天即可放亲虾。

除以上方法外，现在一些渔药生产厂家也生产了一些高效清塘药物。

对于养殖单位和个人，要慎重选用有效安全的清塘方法。不论是哪种清塘方法都要选择在天气晴朗时进行，这样不仅药效快，杀菌力强，而且毒力消失快，较为安全。

四、微孔增氧设施

近年来发展起来的一项新技术是微孔增氧技术，在水产养殖中有广泛的应用。它能提高 1~3 倍氧利用率，增氧效果很好，还具有防堵性强，水中噪声低，气泡小，气体运行阻力弱，水反渗入管器内少等优点，并且能够节约能源，节省成本。在虾蟹养殖方面，对提高养殖产量和虾蟹规格起到了十分重要的作用。

1. 风机的选择与安装

风机选择罗茨鼓风机或空压机的比较多。两者中空压机功率偏大一些。风机功率一般为每亩 0.15~0.2 千瓦，实际安装时风机功率大小要依据水面面积来确定。如 15~20 亩的水面可选 3~3.5 千瓦一台；30~37 亩的水面可选 5.5~6.0 千瓦一台。风机一般安装在主管道中间，为方便连接主管道，使风机产生的热量和风压有所降低，在风机出气口处，安装一个有 2~3 个接头的旧油桶即可（不能漏气）。

2. 微孔管安装

每个虾池一般都形成一个风机—主管—支管（软）—微孔曝气管三级管网。风机连接主管，主管将气流传送到每个池塘。微孔增氧管要布置在离池底 10~15 厘米处的深水区，布设要呈水平或终端稍高于进气端，固定并连接到输气的塑料软支管上，支管再连接主管。在鼓风机开机后，空气就是从主管、支管、微孔增氧管扩散到养殖水体中的。主管的内直径为 5~6 厘米，微孔增氧管的外直径为 14~17 毫米、内直径为 10~12 毫米的微孔管，管长一般不超过 60 米。

3. 注意事项

安装微孔增氧设备一般选择在秋冬季节池塘干塘后进行。微孔管器的安装有一定要求：不能露在水面上，不能靠近底泥，不能满足这些条件的要及时调整。所有主管、支管，其管壁厚度都要满足能打孔固定接头的要求，微孔增氧管在使用过程中一般3个月不会堵塞，如遇到藻类附着造成堵塞，捞起增氧管晒1天，轻轻拍打抖落附着物即可。另一种方法是用20%的洗衣粉浸泡1个小时后清洗干净，晾干以后接着使用。据此，微孔增氧管固定物不能太重，要十分方便打捞才行。

五、注水施基肥

虾苗放养前，要认真检查过滤设施是否牢固、有无破损。在虾苗入池前5~7天，池塘进水的水深为50~60厘米，要求水质干净，溶氧量达3毫克/升以上。pH值为7~8，不存在污染，尤其不能含有溴氰菊酯类物质，小龙虾对溴氰菊酯类物质特别敏感，即使很低的浓度也会造成小龙虾死亡。

虾池进水后，要施加一定量的基肥，培养天然饵料生物及水质，这样可以使虾苗一入池就能摄食到适口的优质天然饵料，对于提高虾苗成活率帮助很大。有机肥的用量通常为每亩75~100千克，可全池撒投。

六、苗种放养技术

投放虾苗的数量，要根据不同的小龙虾养殖方式来灵活决定。春季和秋季，小龙虾都有明显的产卵现象。不同时期繁育的虾苗，在饲养管理、饲养时间的长短、出售上市的时间、商品虾的个体规格和单位面积产量等方面也存在着相应的不同。

1. 主养池塘的苗种放养

养殖者一般在春季投苗种，如果在3月下旬至5月上旬放养，在6—10月就能捕捞上市。捕捞时通常捕大留小，捕捞时间可持续4~5个月。根据捕捞情况，如果第一次苗种放得早，在6—7月可以再放养一次。

2. 幼虾苗的质量要求

同一池塘放养的幼虾苗种规格要整齐，一般要求在 3 厘米以上最好，并且要一次性放足。同时要求幼虾体质健壮、附肢齐全、无病无伤、生命力强。

3. 幼虾苗的运输

运输工具、运输时间的选择，要根据季节、天气和距离来决定。短途运输一般为干法运输，可采用蟹苗箱或食品运输箱进行。具体方法是在蟹苗箱或食品运输箱中放置水草来保持运输环境的湿度。一般每个蟹苗箱可装亲虾 2.5~5.0 千克；食品运输箱每箱运输得相对多一些，同一箱中可放 2~3 层，每箱能装运 10~15 千克。

4. 放养方法

放养虾苗时要避免水温相差过大（不要超过 3℃），一般选择在晴天早晨或傍晚。虾苗经过长途运输后到达池边要立即让其充分吸水，以使它们排出头胸甲两侧内的空气，然后多点散开，放养下池。

5. 放养密度

虾苗的放养密度由 4 个因素决定，分别是池塘条件、饵料供应、管理水平和产量指标。决定放养量要考虑计划产量、成活率、成虾个体大小和平均重量等问题。一般放养量采用下面的公式来计算：放养量（只/亩）= 养殖面积（亩）×计划产量（千克/亩）×预计养成 1 千克虾的只数÷预计成活率，一般成活率按 50%，商品虾每千克按 30 只计算。

经验显示：主养小龙虾塘口一般第一次放养 1.5 万~2.0 万只/亩；混养池塘放养量为 0.8 万~1.0 万只/亩。

七、池塘养殖模式

1. 池塘主养模式

开春后的 3 月下旬至 5 月上旬是虾苗投放的主要时节，一般每亩投放 2~4 厘米的幼虾 1.5 万~2 万只。小龙虾适宜养殖水温在 20~28℃，开始时水温较低，把水深控制在 60 厘米左右，使水温尽快回升；气温较高时加深水位到 1 米以上，通过调节水位来控制水温，使水温保持在 20~30℃。夏季经常出现高温天气，有条件的话可以在池塘边搭棚遮阴，为幼虾降温。在养殖前期，每半个月加水 1 次，中、后期应加大加水力度，每周加注新水。同时注意保持良好的水质和水色。6 月开始就可以捕捞。捕捞一段时间后，要补放苗种。进行二茬放种时可适当增放一些大规格苗种。

2. 池塘鱼虾混养模式

小龙虾活动能力弱，此时还不具备正常的捕食能力，鱼种对小龙虾的生活和生长不会造成过大影响，因此对鱼的种类没有限制。

池塘鱼虾混养，鱼种的养殖模式不需要发生变化。在鱼种养殖池塘中放养一定量的小龙虾，放养量为每亩 0.8 万~1.0 万只。采用这种养殖模式，小龙虾产量通常能达到 50 千克/亩左右。

3. 蟹池套养模式

虾蟹套养，以蟹为主进行养殖的模式，经济效益较好。蟹塘一般水深 40~50 厘米，池塘中间要留土埂以供虾打洞穴居。四周要开挖 80~100 厘米深的环沟，每天换少量水。池底要栽种伊乐藻。5 月底水草会长至水面，这时要割除水草至水面下 30 厘米，否则水草会腐烂影响水质。虾苗养至 7 月中旬起就可捕捞，规格为 30~40 克/只，同时每亩放养河蟹 500~600 只。9 月上中旬放养规格为 30~40 克/只的种虾，种虾放养量 40 千克/亩，雌、雄比为 2∶1，翌年由留塘种虾自繁虾苗，可以不再另放种虾。投喂虾苗的饲料为颗粒饲料和玉米，傍晚遍撒 1 次。为促使虾蟹正常蜕壳，饲料中要加入蜕壳素，一般 1 千克/吨。

八、投饲管理

小龙虾的摄食范围非常广，可摄食植物的嫩叶、植物碎片、腐殖质碎屑、底栖藻类、丝状藻类、水生昆虫、陆生昆虫的幼体、环节动物、小杂鱼和贝类等，属杂食动物。尤其喜欢食螺肉、蚌肉、蝇蛆、蚕蛹和小杂鱼等。

饲养小龙虾时要保证饲料的质量，因为它直接关系到小龙虾的体质的健康以及对流行性和暴发性疾病的抵抗能力。

九、养成管理

1. 水质管理

养殖池塘的水体不可能长期保持清洁，经过一段时间的投饲、施肥后，会出现水质变浓、透明度降低、水体偏酸性等现象。在长时间处于低氧、水质过肥或恶化的环境中，小龙虾的蜕壳速率会受到影响。

不良的水质会导致小龙虾摄食下降，甚至出现停止摄食现象，最终影响其生长。寄生虫、细菌等有害生物会在不良的水质中大量繁殖，从而导致疾病的发生和蔓延。当水质严重不良时，会造成小龙虾死亡，使养虾终告失败。

为小龙虾的成长营造一个良好的水质环境十分重要。养殖者应该按照季节变化及水温、水质状况及时做出调整，适时对虾池进行加水、换水和施追肥，使池水达到"肥、活、嫩、爽"，经常保持充足的氧气和丰富的浮游生物。

（1）水位控制。掌握"春浅、夏满"的原则，可以控制小龙虾的养殖水位。春季水位一般保持在 0.6~1.0 米，水草的生长和幼虾的蜕壳生长适合在浅水中进行；夏季水深控制在 1.0~1.5 米，有利于小龙虾度过高温季节。

（2）溶氧。小龙虾的生长受水中溶氧量的影响非常大。溶氧充足，水质清新，能促进虾的生长并发挥饲料的作用。溶氧量太低小龙虾的生理会产生不适，摄食量和消化率降低，被迫加强呼吸作用。虾苗消耗能量太多，生长就会减缓，饲料转换率同时降低。遇见恶劣天气或者水质严重变坏时，应及时更换新水和充氧。

防止小龙虾缺氧，可以采用的有效方法是增加增氧设备和定期注换新水。一般养虾池水的溶氧量保持在 3 毫克/升以上，对小龙虾的生长发育比较合适。换水要根据具体情况决定，一般原则是：大量蜕壳期不换水；雨后不换水；水质较差时勤换水。一般每 7 天换一次水；高温季节每 2~3 天换一次水。每次换水量为池水的 20%~30%。有条件的，可以定期向水体中泼洒生物制剂调节水体，如光合细菌、硝化细菌等。

（3）微孔增氧机的使用、维护与保养。开机增氧的时间和时段要根据水体溶氧变化的规律来决定。一般 4—5 月的阴雨天，半夜开机；6—10 月，下午开机 2~3 小时，日出之前 1 小时再开机 2~3 小时。

在高温季节，微孔管增氧设施每天开启时间应保持在 6 小时；连续阴雨或低压天气一般夜间开机，持续到第二天中午为止。有条件的话可以进行溶氧检测后再适时开机增氧，保证水体溶氧在 6~8 毫克/升就好。

要做好微孔增氧机的维护与保养工作。如果发现微孔管破裂，要及时更换；发现接口松动，要及时固定；藻类附着堵塞微孔，晒一天后轻拍抖落附着物，或采用洗衣粉浸泡数小时后清洗干净再用；要保证电源箱不漏电；罗茨鼓风机也要定期润滑保养；梅雨季节要防锈；高温季节可搭凉棚来防暴晒。生产周期结束，完成拆卸，要及时置仓库保管。

（4）调节 pH 值。每半个月要向池中泼洒一次生石灰水，1米水深时，每亩泼洒 10 千克，使池中 pH 值保持在 7.5~8.5。生石灰能增加水体钙离子的浓度，同时促进小龙虾的蜕壳生长。

生产中如果发现水质变坏，小龙虾上岸、攀爬和死亡等现象，应尽快采取措施来改善水环境。

可以按照下面方法操作：先换掉部分老水，再用氯制剂泼洒消毒。隔天可泼洒一些沸石粉或益水宝溶液，再定期（每隔 5 天左右）泼洒微生态制剂。

2. 日常管理

（1）保持一定的水草。水草在改善和稳定水质方面发挥着积极作用。漂浮植物水葫芦、水浮莲和水花生等，平时可作为小龙虾的栖息场所，但最好拦在岸边或定点于池中。夏季高温时节，成片的水草可起到遮阴降温的作用，软壳虾躲在草丛中可免遭伤害。

池中的水草不宜过多，过多时还要打捞出多余水草，否则水质会变坏。这样也有利于池中长出新鲜水草，让小龙虾摄食。

（2）早晚坚持巡塘。工作人员应早晚巡塘，根据小龙虾的摄食情况，及时调整投饲量，清除残饵，以免引发疾病。观察水质的变化并测定，做好详细记录，一旦发现问题要及时采取措施。①水温。每天分两个时间段测量水温。4—5时和14—15时各一次。测水温时使用表面水温表，要定点、定深度，一般测定水温选择在虾池平均水深30厘米处。在池中还要设置最高、最低温度计，可以记录某一段时间内池中的最高和最低温度。②透明度。池水的透明度可反映水中悬浮物，如浮游生物、有机碎屑、淤泥和其他物质的多少。这是虾类养殖期间重点控制的因素，与小龙虾的生长、成活率、饵料生物的繁殖及高等水生植物的生长有直接的关系。测量透明度较为简单的方法是使用沙氏盘（透明度板），透明度每天下午测定一次。一般养虾塘的透明度保持在30~40厘米为宜。透明度过小则说明池水混浊度较高，水太肥，此时需要注换新水；透明度过大，表明水太瘦，需要追施肥料。③溶解氧。池中水的溶解氧含量应保持在3毫克/升以上，养殖户应定期测定溶解氧，以掌握虾池中溶氧变化的动态。可使用的方法有比色法或测溶氧仪测定法。④不定期测定 pH 值、氨氮、亚硝酸盐、硫化氢等。养虾池要求 pH 值控制在 7.0~8.5，氨氮在 0.6 毫克/升以下，亚硝酸盐在 0.01 毫克/升以下。⑤生长情况的测定。每10天或1周，在池中分多处采样测量虾体体长，每次测量不少于30只。测量在早晨或傍晚最好，尽量避开中午，因为中午为高温期。同时，观察虾胃的饱满度，以便调节饲料的投喂量。

（3）定期检查、维修防逃设施。遇到大风、暴雨天气要尤为注意，此时易发生小龙虾逃逸现象。

（4）严防敌害生物危害。一只鼠一夜可以吃掉小龙虾上百尾，鱼、鸟和水蛇对小龙虾的生存也有威胁。有的养虾池鼠害严重，人力驱赶、工具捕捉和药物毒杀等方法是彻底消灭鼠患，驱赶鱼、鸟和水蛇的有效方法。

（5）防治病害。池塘中密度较高、水质恶化等因素会导致小龙虾生病。平时要注意观察小龙虾的活动，发现如不摄食、不活动、附肢腐烂和体表有污物等异常现象，可能是由于小龙虾患了某种疾病，要迅速诊断并施药治疗，减少小龙虾的死亡。

（6）塘口记录。必须在每个养殖塘口建立记录档案。记录由专人负责，要详细记录，才能总结经验。

第二节　池塘混养小龙虾

混养可以合理利用饲料和水体，发挥养殖鱼、虾类之间的互利作用，降低养殖成本，提高养殖产量。目前，池塘混养是提高池塘水生经济动物产量的重要措施之一，也是我国池塘养殖的特色。

小龙虾可与其他鱼类混养，在家鱼亲鱼池、成鱼池中养殖都是可行的。一般不需专门投饵，可利用池塘野杂鱼、残饵为食，套养池面积也不限。

一、混养池塘环境要求

主养鱼类决定着池塘大小、位置、面积等问题。池塘必须满足池底硬土质、无淤泥、池壁坡度大于3：1等条件。

混养小龙虾既能以地表水也可用地下水作为水源。如果是无污染的江、河、湖、库等大水体地表水作为水源，池中的浮游动物、底栖动物、小鱼、小虾等天然饲料就会非常丰富。使用地下水的优点是：有固定的独立水源；没有病原体和野杂鱼；没有污染；全年温度相对稳定。

pH 值为 6.5~8.5。溶解氧在 5 毫克/升以上，池塘中要配备增氧机或其他增氧设备，必要时可以用上。同时要做好池塘的防逃设施。

池塘要有良好的排灌系统，池的一端上部进水，另一端底部排水，进排水口都要安置防敌害、防逃网罩。

沉水植物区应占池塘底部面积的约 1/5。还要安置足够的如废轮胎、网片、PVC 管、废瓦缸、竹排等人工隐蔽物。

二、小龙虾混养类型

鱼虾混养或多品种混养、轮作，可以提高池塘的利用率，提高经济效益。小龙虾为底栖爬行动物，池塘单养小龙虾，大部分水体没有得到充分利用并影响了经济效益。混养时选择主养滤食性、草食性鱼类最好，因为它们与小龙虾的食性、生活习性等几乎不存在矛盾，混养小龙虾不会减少它们的放养量。

1. 以小龙虾为主，混养其他鱼类的混养方式

在自然条件下，小龙虾以小鱼、小虾、水生昆虫、植物碎屑为食。饲养小龙虾的池塘，水体的上层空间和水体中的浮游生物（尤其是浮游植物）都未被充分利用，如果适当套养一些鲢、鳙等鱼类，它们可以滤食水体中上层浮游生物，这样就达到了控制水体浮游生物的过量繁殖，调节池塘水质，改善小龙虾生长环境等多个目的，还可作为塘内缺氧的指示鱼类。但混养肉食性和吃食性鱼类则是危险的，因为它们会影响小龙虾的生长。

我国南方由于适温期长，多采取混养方式。一般每亩放养规格为 2~3 厘米的虾种 5 000 只，再混养花白鲢鱼种 150~200 尾（规格为 20 尾/千克），采用的方法为密养、捕大留小和不断稀疏等。另一种放养模式——将小龙虾亲虾直接放养也是可行的。每亩投放抱孵亲虾 20~25 千克，每千克为 30~40 只，让其自然繁殖获取虾种。其他鱼种为鲢鱼 250 尾（规格为 250 克），鳙鱼 30~

40 尾（规格为 250 克），草鱼 50 尾（规格为 500 克）。鲤鱼、鲫鱼和罗非鱼会先行吃掉投喂的饲料，因此在混养的鱼类中，尽量不要选择鲤鱼、鲫鱼和罗非鱼（非洲鲫），否则会影响小龙虾的摄食和生长，从而降低产量。放养鱼种时，要用 3%~5% 的食盐水浸泡 5~10 分钟，并且要先放小龙虾苗种，为了方便小龙虾的生长，10~15 天后再放其他鱼种。

2. 以其他鱼类为主，混养小龙虾的养殖方式

在常规成鱼与小龙虾混养时，可以将小龙虾一次放养，也可以多次轮捕轮放，捕大留小。采用这种混养方式的小龙虾产量也不低。根据不同主养鱼的生活习性和摄食特点，又分为以下几种：

（1）主养滤食性鱼类。在主养滤食性鱼类的池塘中，混养小龙虾要在不降低主养鱼放养量的前提下进行。放养密度随着各地养殖方法的不同而不同。高产鱼池每亩能产 750 千克鱼，每亩可以混养 3 厘米的虾种 2 000 尾或抱卵虾 5 千克。在鱼鸭混养的塘中，绝对不能混养小龙虾。

（2）主养草食性鱼类。草食性鱼类所排出的粪便能够起到肥水的作用，鲢鱼、鳙鱼以肥水中的浮游生物为饲料。正如俗话"一草养三鲢"所说，主养草食性鱼类的池塘，一般会搭配有鲢鱼、鳙鱼。搭配有鲢鱼、鳙鱼的池塘再混养小龙虾时，方法同（1）。

（3）主养杂食性鱼类。一般情况下在食性和生态位上，杂食性鱼类和小龙虾是互相矛盾的。据此，主养杂食性鱼类的池塘，不能套养小龙虾或只套养数量极少的小龙虾。

（4）主养肉食性鱼类。主养凶猛肉食性鱼类的成鱼池塘，混养小龙虾的量可以适当增加。凶猛肉食性鱼类的池塘，水质状况良好，溶氧丰富；在饲养的中后期，主养的鱼类鱼体已经较大，因而很少再去利用池塘中的天然饲料；此外投喂主养鱼的剩余饲料也可以很好地被小龙虾摄食利用。经过多年的试验得知，凶猛肉食性鱼类在投喂充足的情况下，几乎不会主动摄食河蟹和小龙虾，但具体原因还有待研究。在这种鱼塘中，每亩可放养规格为3厘米左右的小龙虾3 000只或抱卵虾8~10千克。在主养鱼类下池1~2周之后，小龙虾就可以下池了。这时，主养鱼对人工配合的颗粒饲料产生了一定的依赖性。

三、"四大家鱼"亲鱼塘混养小龙虾

此种模式主要适用于以"四大家鱼"人工繁殖为主且规模较大的养殖场。这样的亲鱼塘一般面积大、池水深、水质较好且放养密度相对较低。在充分利用水体和不影响亲鱼生长的前提下，在这种养殖场适当混养小龙虾，既可消灭池中的小杂鱼，又能增加一定的经济收入。

1. 池塘条件

成鱼养殖池塘要选择那些水源充足、水质良好、水深1.5米以上的池塘。

2. 放养时间

约5月中旬，"四大家鱼"人工繁殖后，即可进行小龙虾的放养。

3. 放养模式及数量

如果每亩放养虾种3 000只，每亩可生产商品虾30千克左右；如果是以鲢鱼或鳙鱼为主的亲鱼池，每亩放养数量还可适当增加。以亲鱼为主的池塘，可在6月底至7月初投放草鱼、夏花鱼鱼种，每亩1 000只。

4. 饲料投喂

投喂饲料的量一般根据放养量和池塘自身的资源来确定。对于不需投饵，混养的小龙虾，是以池塘中的野杂鱼和其他主养鱼吃剩的饲料为食，发现鱼塘中的确存在饵料不足的情况方可适当投喂。

5. 日常管理

（1）坚持每天早晚各巡塘一次。早上观察是否存在鱼浮头现

象，如果它们浮头太久，应选择适时加注新水或开动增氧机；下午检查鱼的吃食情况，以便确定次日的投饵量。此外，酷热季节、天气突变等情况，应加强夜间巡塘，防止发生意外。

（2）适时注水，改善水质。池塘一般在 15~20 天加注一次新水。碰到天气干旱的时节，必须增加注水次数。有的鱼塘载体量高，必须配备增氧机并科学使用增氧机。

（3）定期检查鱼的生长情况。如果发现生长缓慢的鱼，就必须加强投喂。

（4）做好病害防治工作。虾下塘前要做好消毒工作，可用3%的食盐水浸浴 10 分钟，或用防水霉菌的药物浸浴。5 月、7月、9 月要用杀虫药全池泼洒一次，防止纤毛虫等寄生虫侵害。

四、鱼种池混养小龙虾

小龙虾与鱼种混养的模式主要适用于鱼种池养殖 2 龄大规格鱼种。在培育鱼苗、鱼种的基础上，增投适当数量的小龙虾幼虾，每亩可产小龙虾 60 千克左右，同时产大规格鱼种 500 千克左右，效果良好。这种鱼种池面积不大、池水较深、水质较好，可以充分利用有效水体并且不影响鱼种生长。适当混养小龙虾能达到消灭池中小杂鱼且增加经济收入的双重目的。

1. 池塘条件

池塘要满足水源充足、水质良好、水深 1.5~2.0 米等条件。

2. 放养时间

小龙虾的放养和鱼苗的放养是先后进行的，一般前者在 3 月左右，后者则在 5 月下旬至 6 月中旬最恰当。

3. 放养模式及数量

每亩可投放水花鱼 20 000 条，或投放夏花鱼种 10 000 尾，放养 3 厘米的幼虾 6 000 只。

4. 饲料投喂

对虾的投喂主要按培育鱼苗、鱼种的方法，只在每天傍晚一次，日投喂量可以按照池塘存虾总量的 3%~5%增减。

5. 日常管理

（1）坚持每天早晚各巡塘一次。当遇到酷热季节，天气突变等情况，应加强夜间巡塘，防止发生意外。

（2）适时注水，改善水质。一般 15~20 天就需加注一次新水。天气干旱时应增加注水次数。

（3）要定期对鱼和虾的生长情况进行检查，如发现生长缓慢，必须加强投喂。

（4）做好病害防治工作。下塘前要对虾用 3%的食盐水浸浴10 分钟，或用防水霉菌的药物浸浴。5 月、7 月、9 月用杀虫药全池泼洒一次，防止纤毛虫等寄生虫侵害虾苗。

（5）及时捕搜。小龙虾的捕捞方法有地笼捕虾和拉网捕虾等。7 月底至 8 月中旬虾的捕捞基本完成。在此之后，鱼苗、鱼种则继续在池塘内喂养。

五、"四大家鱼"成鱼养殖池混养小龙虾

在喂养小龙虾的同时，投放适当数量的大规格鱼种混养成鱼，可以达到每亩产小龙虾 100 千克以上，产商品成鱼 350 千克以上的较高产量。这是一种比较经济合理的养殖方式，主要适合一般的常规成鱼，要根据各种鱼类的食性和栖息习性不同进行搭配才行。在成鱼塘中，小龙虾的鲜活饵料——小杂鱼类较多，混养小龙虾有利于逐步清除小杂鱼，减少池中溶解氧的消耗，减轻争食现象，同时可增加单位产量。

目前在各地都有采用这种混养模式的养殖者，尤其是那些中小型养殖户。它的优点是管理方便，不会对其他鱼类生长造成影响。这种养殖模式要注意两点：一是鱼种的数量不要太多；二是一定要配备增氧机。

1. 池塘条件

要选择在水源充足、水质良好、水深 1.5 米以上的鱼塘进行成鱼养殖。

2. 放养时间

虾种放养一般选择在秋季，8—9月放养较好。鱼种可选择团头鲂鱼、鳙鱼、鲢鱼等，它们的投放时间可安排在冬季、春季。为防止水霉菌感染，放养时应用一些药物杀菌消毒，食盐或抗水霉菌药物就是很好的消毒剂。

3. 放养模式及数量

对于虾种，规格在2厘米以上的，一般要求每亩3 000只。对于鱼种，50~100克的团头鲂鱼种，每亩投放300尾；50~100克的鳙鱼种，每亩投放80尾；50~100克的鲢鱼，每亩投放200尾。

4. 饲料投喂

每日一般投喂小龙虾次，如果条件允许可在午夜再投喂1次。小龙虾的日投喂量可以按照池塘存虾总量的3%~5%增减。在那些本身资源条件比较好，天然饵料充足的池塘，小龙虾以池塘中的野杂鱼和其他主养鱼吃剩的饲料为食，一般不需投饵。但是发现鱼塘中饵料确实不足，可适当投喂。对鱼的投喂要定点、定时、定质、定量，每日投喂2~3次。

5. 日常管理

（1）坚持每天早晚巡塘各1次。早上观察是否存在鱼浮头现象，如浮头过久，应该适时加注新水或开动增氧机；下午检查鱼的吃食情况，以确定次日的投饵量。遇到酷热季节、天气突变，应加强夜间巡塘，防止意外发生。

（2）适时注水，改善水质。一般每15~20天，加注一次新水。天气干旱时还要增加注水次数。如果鱼塘载体量高，必须配备增氧机并学会科学使用增氧机。

（3）定期检查鱼的生长情况，如发现生长缓慢，则需加强投喂。

六、小龙虾与河蟹混养

小龙虾与河蟹都具有自残和互残的习性，它们在一起会发生争食、争氧、争水草等现象。在传统养殖中，小龙虾是作为蟹池的敌害生物存在的，一般认为在蟹池中套养小龙虾是有一定风险的，因为蜕壳的软壳蟹会被小龙虾蚕食。但是从地区养殖的实践来看，养蟹池塘套养小龙虾并非不可行，它并不影响河蟹的成活率和生长发育。

1. 池塘选择

池塘选择以养殖河蟹的条件为参考，必须满足水源充足、水质条件好、无渗漏、进排水方便、池底平坦、底质是砂石或硬质土底等条件。蟹池的进水、排水总渠应分开，进、排水口应用双层密网防逃。同时也能有效地防止蛙卵、野杂鱼卵及幼体进入池塘对蜕壳虾蟹造成危害。可以开设一个溢水口，用双层密网过滤，不仅可以防止夏天雨水冲毁堤埂，还能防止幼虾、幼蟹乘机顶水逃走。

面积在 10 亩以下的河蟹池，应把平底型改成环沟型或"井"字形沟型。需在池塘中间多做几条塘中埂，埂与埂之间的位置交错。埂宽 30 厘米，略微露出水面即可。面积在 10 亩以上的河蟹池，应把平底型改成交错沟型。池塘的改造工作可结合年底清塘清淤一起进行。

2. 防逃设施

养殖小龙虾与河蟹，都不可避免地要安置一些防逃设施。常用的防逃设施有两种：一种是安插高 45 厘米的硬质钙塑板作为防逃板，注意防逃板的四角应做成弧形，否则小龙虾会沿着夹角攀爬外逃；另一种是采用网片和硬质塑料薄膜共同防逃，这种防逃设施既可以防止小龙虾逃逸，又可以防止敌害生物侵入伤害幼虾。

3. 隐蔽设施

池塘中要设置竹筒、瓦片、网片、砖块、石块、竹排、塑料筒、人工洞穴等足够的隐蔽物供其栖息穴居，一般每亩要设置人工巢穴 3 000 个以上。

4. 池塘清整、消毒

要做好平整塘底、清整塘埂的工作，这样池底和池壁才会有良好的保水性能，也可以达到尽可能减少池水渗漏的目的。对旧塘清除淤泥、晒塘和消毒，可有效地杀灭池中的敌害生物（如鲇、泥鳅、乌鳢、水蛇、鼠等）、与之争食的野杂鱼类及一些致病菌。

5. 种植水草

河蟹和小龙虾的成活率与池塘中水草的多少密切相关，所以又有"蟹大小，看水草""虾多少，看水草"的说法。水草不仅能为小龙虾和河蟹隐蔽、栖息、蜕皮生长提供理想场所，也有净化水质、减低水体肥度、提高水体透明度、促使水环境清新等重要作用。在养殖池塘投喂饲料不足的情况下，水草可作为河蟹和小龙虾的补充饲料，河蟹和小龙虾都会摄食部分水草来满足身体需要。蟹池中水草的覆盖面积要占整个池塘面积的 50% 以上，这样可将河蟹和小龙虾相互之间的影响降到最低。因此，在蟹池中水草长起来以后，再放入小龙虾和河蟹最好。

6. 投放螺蛳

螺蛳可以作为河蟹和小龙虾非常重要的动物性饵料，因此，在放养河蟹和小龙虾前必须放足鲜活的螺蛳，每亩放养要达200～400 千克。投放螺蛳益处很多，不仅可以补充虾蟹生长的动物性饵料，还能起到净化底质的作用。螺蛳肉被吃完后留下的壳可以为水体提供一定量的钙质，从而促进河蟹和小龙虾的蜕壳。

7. 蟹、虾放养

石灰水消毒 7～10 天后，水质正常即可放苗。

蟹、虾的质量要求：一方面要求蟹、虾体表光洁亮丽，肢体完整健全，无伤无病，体质健壮，生命力强；另一方面要求蟹、虾规格整齐，幼虾规格在 1 厘米以上，蟹规格在 80 只/千克左右。

同一池塘放养的虾苗蟹种规格要一致，一次性放足。

一般在蟹池套养小龙虾，每亩放虾苗 2 000 只。在 3 月左右投放河蟹 600 只，在 5 月左右投放虾苗。虾苗放养量不宜过多，否则会导致养殖失败。蟹、虾放养前，要用 3%~5% 食盐水浴洗 10 分钟，杀灭寄生虫和致病菌。同时可适当混养一些鲢、鳙等中上层滤食性鱼类，可以达到改善水质、充分利用饵料资源的目的，还可以作为塘内缺氧的指示鱼类。

8. 合理投饵

河蟹和小龙虾都具有食性杂的特点，它们都比较贪食，喜欢吃小杂鱼、螺蛳、黄豆，也吃配合饲料、豆饼、花生饼、剁碎的空心菜及低值贝类等饲料。让河蟹和小龙虾吃饱意义重大，是避免河蟹和小龙虾自相残杀的重要措施。要根据对池塘中河蟹和小龙虾的数量准确掌握，投足饲料。投喂中要把握"两头精、中间粗"的原则。在大量投喂饲料的同时要注意调控好水质，大量投喂饲料会造成水质恶化，虾、蟹死亡。

9. 管理

（1）强化水质管理，保证溶氧充足，保持池水"肥、爽、活、嫩"。小龙虾放养前期要十分注重培肥水质，适量施用一些基肥，培育小型浮游动物供小龙虾摄食。通常每 15~20 天换一次水，每次换水 1/3。中后期，水质过肥时可用生石灰消毒杀死浮游生物，一般每 20 天泼洒一次生石灰水，每亩用生石灰 10 千克。

（2）为降低后期池塘中小龙虾的密度，保证河蟹生长，要适时用地笼等将小龙虾捕大留小。

（3）加强蜕壳虾蟹的管理。为促进河蟹和小龙虾群体集中蜕壳，可使用投饵、换水等技术措施。大批虾、蟹蜕壳时严禁外界干扰。虾、蟹蜕壳后及时添加优质饲料，饲料不足会导致虾蟹之间的相互残杀。

七、利用空池养小龙虾

一些养殖池由于养殖周期或资金周转一直处于空闲状态，这些池塘如果被充分利用，可以有效地提高养殖效益。其中最显著的就是当初养殖鳗、鳖的养殖场。市场价格的冲击对鳗、鳖影响很大，许多地方鳗池、鳖池处于空置状态。鳖池由于建设之初设计科学，原来的一整套设施现在性能良好，既有必要的防逃设施，又在池中设置了供鳖栖息、晒背的各种平台，这种平台对于小龙虾同样是非常好的设施。这些池子无须改造，可直接用来养虾。因此，利用这些空池养殖小龙虾可以使其得到充分利用。

1. 清池消毒

对于空闲的养殖池，要进行清理消毒才能投入使用。用生石灰化水后趁热彻底消毒，每亩需用 100 千克左右，也可以用漂白粉或漂白精代替生石灰，它们能杀灭各种残留的病原体。

2. 培肥

要在预定投放的前 10 天将池内的水全部换掉，然后泼洒腐熟的人粪尿或猪粪，每亩用 250 千克，为培育浮游生物，供虾苗下塘时摄食，需在池的四角堆沤 500 千克的青草或其他菊科植物。

3. 防逃设施的检查

在养殖小龙虾前，要对原先养鳖、养鳗池子的防逃设施进行全面检查。这些池子一般在当初建设时条件比较好，有一套完善的防逃设施。如果发现破损处，要及时修补或更换新的防逃设施。特别是进出水口要做好检查工作。需用纱网拦好进出水口，可以防止敌害生物进入池中危害幼虾和蜕壳虾，也能防止小龙虾通过出口管道逃逸。

4. 隐蔽场所的增设

养殖鳗或鳖的池塘，原先池底都会设置有大量的隐蔽场所。在养殖小龙虾时要再设置一些隐蔽物，如石块、瓦片或旧轮胎、树枝、破旧网片等。

5. 水草栽培

水草对小龙虾的生长帮助很大。水草不仅能供小龙虾摄食，同时也能为小龙虾提供隐蔽、栖息的理想场所，还是小龙虾蜕壳的优选场地，可以减少小龙虾间的残杀，增加小龙虾的成活率。水草在养殖小龙虾时至关重要，对于养殖鳗或鳖的空闲池塘，种植水草是最大的一个池塘改造工程。

养殖鳗鱼或鳖的池塘大部分都是水泥池，在池中直接栽种水草是比难的，但采用放草把的方法可以满足小龙虾对水草的要求。具体操作方法是把水草扎成大小为 1 米²左右的团，用绳子和石块固定在水底或浮在水面，用绳子系住，绳子另一端漂浮于水面或固定在水面每亩可放 30 处左右，每处 10 千克。也可以选择用草框把水花生、空心菜、水浮莲等固定在水中央。但是需要注意，这种吊放的水草不易成活。养殖者一段时间后发现水草死亡糜烂时，要及时更换新的。水花生的成活率较高，可以把水花生捆成条状，用石块固定在池子周边，以此减少经常更换水草的麻烦。如果池塘是土池底，就可以按常规方法进行水草的栽培或移植，较为简单。

水草不能过多，过多则会覆盖住池，使池水内部缺氧而影响小龙虾的生长，一般水草总面积控制在池总面积的 1/4 ~ 1/3 最好。

6. 放养密度

利用成鳗鱼、成鳖池养殖小龙虾，如果投放 3 厘米左右的幼虾，每亩 10 000 只即可。

7. 饲料投喂

"定质、定量、定点、定时"是小龙虾投喂的技术要求，投喂饲料时要严格遵守，要保证小龙虾能够获得足够的营养全面的饲料。每天晚上的投喂量应占全天的 70% ~ 80%，每次投喂以吃完为度，一般仔虾投喂量为池中虾体总重量的 15% ~ 25%，成虾投喂量为 5% ~ 10%。投喂过多会造成池水恶化，饲料不足则易造成小龙虾自相残杀。

8. 水位、水质的调控

养鳗和养鳖的池水位一般都设计为 1.2 米左右，不会太深，但对于养殖小龙虾来说足够了，平时将虾池的水位保持在 1 米以上就行。

太清澈的水不利于小龙虾的生长，池水应保持一定的肥度。要充分利用养鳗或养鳖池完备的进排水系统。在高温季节尽可能做到每天都适当换水，换水时间一般为白天 13—15 时或晚上下半夜。一方面可以使池水保持恒定的温度，另一方面可以增加水中溶氧，这对于小龙虾的生长和蜕壳具有非常重要的作用。另外，中性偏碱的水质有利于小龙虾的生长与蜕壳，因此池中要定期施用生石灰，使池水 pH 值保持在 7~8。

9. 做好防暑降温工作

在一些水位较浅的水泥池，夏季高温时可以采用在池面设置遮阳网、水面多增放些水浮莲、池底多铺设一些隐蔽物等方法降温。

10. 捕搜

这些空闲池养殖小龙虾，捕捞时是非常方便的。池里遍布的各种隐蔽物阻碍使用网捕。一般先用笼捕，最后直接放水干塘，捕捞比较容易。

第三节　网箱养殖小龙虾

一、网箱养小龙虾的特点

1. 不与农田争地

网箱养小龙虾，把不便放养、很难管理和无法捕捞的各类大、中型水体用来养虾，不与农业争土地，还开发了水域的渔业生产力，方式独特。

2. 有优良的水环境

水面宽广、水流缓慢、水质清新的大中水域的水面，可以考虑设网箱。网箱的环境比池塘要好得多，溶氧量能保证在 5 毫克/升以上。在这里，小龙虾可以定时得到营养丰富的食物，避免四处游荡，生长发育较快。

3. 便于管理

由于网箱是一个活动的箱体，拆卸十分方便，因而可以根据不同的季节，不同的水体灵活布设。网箱占地不大，适宜在一片水域集中投喂、集中管理。如果发现虾病，还可以统一施药。养殖到一定阶段十分便于捕大养小，将达到商品规格的小龙虾及时送往市场。一方面可以均衡上市，另一方面疏散了网箱密度，促进个体小的小龙虾快速长成。

4. 产量高

网箱养小龙虾产量十分可观，据测算：网箱养小龙虾，每亩的产量相当于4公顷精养高产池塘的产量，经济效益相当高。

5. 风险大，投入高

和所有养殖业一样，网箱养小龙虾也存在风险。此种养殖是高度密集的，遇到虾病、气候突变等因素，造成的损失也很大。因此，想要网箱养虾，必须敢于承担风险，做好思想准备。

网箱养虾，一次性投入也比较高。如使用钢制框架和自动投饵设备，造价是非常昂贵的。另外，网箱养虾在饲料方面投入的资金是非常大的，正所谓"一日无粮，一天不长"。

二、网箱设置地点的选择

在选择设置网箱的地点时，必须认真考虑水深是否合适、水质是否良好、管理是否方便等问题。网箱养殖小龙虾的密度高，这些条件的优劣，是网箱养殖能否收到良好效果的关键。

1. 周围环境

应选择在避风、阳光充足、水质清新、风浪不大、比较安静、无污染、水量交换量适中、有微流水的地方设置网箱。此外，还要求网箱周围开阔，没有鼠，没有有毒物质等污染源。航道、坝前、闸口等水域都是要尽量避开的。

生产实践证明，在向阳背风的深水库湾安置网箱可以收到很好的养殖效果。一方面可以避免网箱在枯水期碰底，另一方面深水库湾处风浪小，小龙虾的应激反应会减少。不宜在以下地点安置网箱：有化肥厂、农药厂、造纸厂等污染源的库区上游水域，航道、码头附近的水域。

2. 水域环境

这种养殖模式适合于大水面水域，如江河、湖泊、外荡、水库等，满足水域底部平坦，淤泥和腐殖质较少，没有水草，深浅适中等条件。长年水位保持在 2~6 米，水域要宽阔，水位相对稳定，水流畅通，长年有微流水，流速 0.5~1.2 米/秒。此外，面积在 50 亩以上、水深在 2 米以上的较大池塘，透明度 1 米左右，pH 值为 7.0~8.5 的水域都可以进行网箱养殖。

3. 水质条件

水质要清新、无污染。水温以 18~26℃为宜。溶氧量在 5 毫克/升以上，其他水质指标要符合《GB 11607—89 渔业水质标准》。

4. 管理条件

要求电力通达，水路、陆路交通方便，离岸较近。

三、网箱的结构

养虾网箱种类很多。按敷设的方式分类，主要有 3 种，分别是浮动式、固定式和下沉式。养殖小龙虾多选择开放式浮动网箱，这种网箱由箱体、框架、锚石和锚绳、沉子、浮子 5 部分组成。

1. 箱体

一般箱体面积为 5~30 米^2，为使养殖容量有所增加，一般深度为 1.5~2 米。网箱内部用宽 30 厘米的硬质塑料薄膜缝好。小龙虾具有很强的攀网能力，必须在箱上加设可开启的盖网，作为防逃设备。

小龙虾蜕壳时会互相残杀，为了防止这一现象可把网箱分层挂些网片，箱内投放 1/3 面积的作为掩体的水浮莲。

2. 框架

框架可承担浮力使网箱漂浮于水面，一般采用圆杉木或毛竹连接成内径与箱体大小相适应的框架，圆杉木或毛竹的直径为 10 厘米左右。如浮力不足，可加装塑料浮球来增加浮力。

3. 锚石和锚绳

重约 50 千克的长方形毛条石可以作为锚石。锚绳一般选择直径为 8~10 毫米的聚乙烯绳或棕绳，它的长度由设箱区最高洪水位的水深来确定。

4. 沉子

8~10 毫米的钢筋、瓷石或铁脚（每个 0.2~0.3 千克）安装在网箱底网的四角和四周，即为沉子。每只网箱的沉子的总质量为 5 千克左右。网箱沉子使网箱下水后能充分展开，可以保证网箱实际使用的体积，并不磨损网箱。

5. 浮子

浮子一般均匀分布在框架上或集中置于框架四角，可增加浮力，用泡沫塑料或油桶等制成。

四、网箱的安置

安置网箱时，先将 4 根毛竹插入泥土中，然后把网箱四角用绳索固定在毛竹上，一定要保证网箱安置牢固。用绳索拴好四角用石块做的沉子，将其沉入水底，调整绳索的长短使网箱固定在一定深度的水中，这个深度还可以再调节。流速为 0.5~1.2 米/秒的水域最适宜安置网箱，安置深度根据季节、天气、水温而定：春秋季可放到水深 30~50 厘米的地方；7~9 月可放到 60~80 厘米深的地方，因为这时天气热，气温高，水温也高。

网箱设置时要保证网箱有足够的水分交换量，还要保证管理操作方便。常见的设置方式有串联式和双列式两种。新开发的水域，网箱不能过密地排列。对于水面较开阔的水域，网箱可采用"品"字形、梅花形或"人"字形等排列方式，间距保持在 3~5 米，以便水体交换。串联网箱时每组 5 个网箱，组与组间距为 5 米左右，避免网箱相互影响。在一些以蓄洪、排洪为主的水域，网箱排列最好以整行、整列进行，以不影响流速与流量为原则。

五、放养前的准备工作

1. 饲料储备

网箱养殖小龙虾，饲料全部由人工来投喂，几乎没有什么天然饵料。进箱后 1~2 天内就得给小龙虾苗种投喂饵料，因此，养殖者要事先把饲料准备好。饲料种类由小龙虾进箱的规格确定，小龙虾进箱规格小，就为其准备新鲜的动物性饲料；进箱规格大，则为其准备相应规格的人工颗粒饲料。

2. 网箱到位

网箱的规格应根据进箱的虾种规格来确定。

3. 安全检查

在下水前及下水后，应严格检查网箱的网体。发现有破损、漏洞等现象，要立刻进行修补，保证网箱是安全的。

六、虾种的放养

1. 人箱规格

网箱的养殖密度高，建议人箱的小龙虾规格在 3 厘米以上。投放小规格虾苗，即便投喂人工饵料，也存在着一个驯食的过程，以及虾苗对人工饲料不适应等问题。如果虾种经过驯食，进箱后就可以对其投喂人工饲料，虾种的生长也很快。

2. 人箱密度

小龙虾的放养密度，受水质条件、水流状况、溶氧高低、网箱的架设位置以及饲料的配方和加工技术等多种因素影响，放养时应综合予以考虑。一般的放养密度为每平方米 500~750 只，如果水流畅通的话，养殖密度还可以高一点。

3. 放养时的注意事项

小龙虾从培育池中进入网箱，应注意以下事项：

（1）小龙虾进箱时水温应达到 18℃左右，这样能更好地发挥网箱养殖的优势。同时每只网箱的小龙虾数量应一次放足。

（2）每只网箱应放养规格整齐、体质健壮的同一批苗种。如果苗种生长速度不一致，大小差异明显，可能会造成小龙虾相互残杀。

（3）进箱时温差不能太大，超过 3℃就不行，应及时调节。

（4）阴天、刮风下雨时不宜放养小龙虾，最好选在晴天进箱。

（5）小龙虾的捕捞、装运和进箱等操作要快捷、精心细致，否则会使虾种受伤。

（6）为防止水霉菌和寄生虫的感染，应在虾种进箱前进行消毒。消毒的方法如食盐水消毒，用 30~50 克/升的食盐水浸洗5~10 分钟或 0.5% 食盐和 0.5% 碳酸氢钠溶液浸洗虾体。浸洗时间的长短根据虾种的耐受能力而定。

七、科学投饲

1. 饵料种类

常见的饵料有植物性饵料、动物性饵料、配合饲料 3 种。在利用小网箱养殖小龙虾时，养殖户或养殖单位基本上都是投喂配合饲料。浮性颗粒饲料是配合饲料中最方便实用的，投喂效果很好。

2. 投喂量

小龙虾的日投喂量，主要根据小龙虾的体重和水温来确定。由于完全靠人工饲料生长，网箱养殖小龙虾比池塘养殖的饲料浪费量大一些，饲料的日投喂量也要比池塘养殖高 10% 左右。具体的投喂量除了受天气、水温、水质、小龙虾的摄食强度和水体中天然饵料生物的丰度等因素影响外，也需要养殖者自己在生产实践中把握。通常在第二天喂食前先查一下前一天的喂食情况，如果没有剩余，说明基本上够吃；如果剩下不少，说明投喂量太大，此时要把饵料的量减下来。像这样3天后就可以确定投饵量了。如果一段时间没有捕捞，隔3天就要增加10%的投饵量；如果捕捞时捕大留小，则要适当减少10%~20%的投饵量。

3. 投喂方法

一般虾苗投放两天后就可对其投喂饵料，每天分上午、中午、傍晚3次投放。下午的投喂量应多于上午，傍晚的投喂量应是最多的，通常占全天投喂量的60%~70%。

八、日常管理

管理的好坏，决定了网箱养虾的成与败。因此一定要有专人尽职尽责地管理网箱。网箱养殖的日常管理工作一般包括以下3个方面。

1. 巡箱观察

应在网箱安置前，对其仔细检查。虾种放养后更要勤检查，最好每天傍晚和第二天早晨分别进行检查。具体操作时将网箱的四角轻轻提起，仔细察看网衣是否有破损的地方。如遇洪水期、枯水期等水位变动剧烈的情况，要及时检查网箱的位置，并随时调整网箱的位置。大风会造成网箱变形移位，要及时进行调整，保证网箱原来的有效面积及箱距。水位下降时，要紧缩锚绳或移动位置。每天早、中、晚各巡视一次，检查网箱的安全性能，如有破损要及时缝补。此外，更要观察虾的动态，查看有无虾病的发生或异常现象，了解虾的摄食情况并清除残饵。检查有无疾病，一旦发现疾病要及时治疗。另外，网箱养殖时可在水源上游挂生石灰袋，可以起到调整水质、增加钙质、杀菌等作用。发现水蛇、鼠、鸟等敌害生物，应及时驱除杀灭。随时保持网箱清洁使水体交换畅通。此外，如发现有杂草、污物挂在网箱上，应及时清除。注意观察天气变化，大风来前要加固设备，日夜防守。

2. 控制水质

为与小龙虾的生产习性相适应，应保持网箱区间水体 pH 值为 7~8。网箱在养殖期间应经常移动，每 20 天移动一次，每次移动的距离为 20~30 米，可降低细菌性疾病发生的概率。要确保水流交换顺畅，及时清除网箱上容易着生的藻类。要做好清除残饵的工作，捞出死鱼及腐败的动植物、异物，并对网箱进行消毒。

3. 虾体检查

定期检查小龙虾可掌握小龙虾的生长情况，这为给小龙虾投喂饲料提供了实际依据，也为产量估计提供了可靠资料。一般每月检查一次，分析存在的问题并及时采取补救措施。

九、网箱污物的清除

网箱要及时清理。网箱下水 3~5 天后，会吸附大量的污泥，不久还会附着水绵、双星藻、转板藻等丝状藻类或其他生物。这样网目就会被堵塞，直接影响水体的交换，非常不利于小龙虾的养殖。为此必须设法清除，保持水流畅通，避免或减少箱内污染。清洗网衣的方法有以下 4 种。

1. 人工清洗

如果网箱上的附着物比较少，可先用手将网衣提起，抖落污物，或将网衣浸入水中清洗便可。当附着物过多时，用韧性较强的竹片抽打，使其抖落也可。但应注意操作一定要细心，防止伤虾、破网。

2. 机械清洗

使用喷水枪、潜水泵，可以产生强大的水流，轻松地把网箱上的污物冲落。也有的养殖者把农用喷灌机安装在小木船上，另一只船安装一根吊杆，可以将网箱吊起来顺次对各个面进行冲洗。

3. 沉箱法

此法往往会影响到投饵和管理，对虾的生长不利，所以使用此法要因地制宜、权衡利弊再作决定。

一般在水深 1 米以下，各种丝状绿藻就难以生长和繁殖。根据这一点，将封闭式网箱下沉到水面以下 1 米处，就可以有效减少网衣上附着物的数量。

4. 生物清洗法

鲴鱼、罗非鱼等鱼类喜欢刮食附生藻类，吞食丝状藻类及有机碎屑。如果网箱中适当投放这些鱼类，它们可以刮食网箱上附着的生物，就可使网衣保持清洁，水流畅通。采用这种生物清污物的方法，既能充分利用网箱内的饵料生物，又能使养殖种类、鱼的产量有所增加。

十、网箱套养小龙虾

选择适合的主养品种：在主养其他鱼类的网箱中，都可以套养适量的小龙虾，但鲤鱼、罗非鱼、鲇鱼、乌鳢、淡水白鲳等除外，它们不能与小龙虾一起套养。

小龙虾的放养时间：投放时间一般在主养鱼进箱后的 5~7 天，多在晴天的午后进行。

管理措施：管理工作同"网箱养殖小龙虾"是一样的。

第四节　大水面养殖小龙虾技术

一些面积较大的水体，如浅水湖泊、草型湖泊、沼泽、湿地以及季节性沟渠等，虽然不利于鱼类养殖，却可以放养小龙虾。放养方法为 7—9 月每亩投放经挑选的小龙虾亲虾 18~20 千克，平均规格 40 克以上，雌雄性比（1~2）：1。翌年的 4—6 月开始用地笼、虾笼捕捞，捕捞时捕大留小。每年亩产商品虾可达 50~75 千克，好处是以后每年均可收获，无须放种。此种模式需注意的是：捕捞千万不能过度，一旦捕捞过度，必然会降低翌年的产量，那时就不得不补充放种。该模式虽然不需投喂饲料，水体中的水生植物的生长还是要注意的，它们可保证小龙虾有充足的食物。定期往水体中投放一些带根的沉水植物即可。

一、养殖地点的选择及设施建设

1. 地点选择

选择地点时优先选择水草资源茂盛、湖底平坦、常年平均水深在 0.4～0.6 米的湖泊浅水区。没有污染源，既不影响蓄洪、泄洪，又不妨碍交通。在这样的地方进行小龙虾的增养殖，能达到预期的养殖效果。

2. 设施建设

在选好的养殖区四周用毛竹或树棍作桩，塑料薄膜或密眼聚乙烯网可作为防逃设施材料。参照网围养蟹的要求，建好围栏养殖设施，简易一些也没有关系。一般每块网围养殖区的面积在 30 亩左右，也有几百亩的大块网围区。

二、虾种放养

1. 放养前的准备工作

（1）清障除野。清除养殖区内的其他障碍物，如小树、木桩等。凶猛鱼类、敌害生物等也要彻底清除。

（2）采用生石灰或其他药物实现彻底消毒。

（3）可适量移栽或改良一些水生植物，设置聚乙烯网片、竹筒等，为虾种增设栖息隐蔽场所。

2. 虾种放养

虾种放养一般分秋冬放养和夏秋放养两种。

（1）秋冬放养。11—12 月，放养以当年培育的虾种为主。虾种规格必须在 3 厘米以上，同时还要求规格整齐、体质健壮、无病无伤，每亩放养 4 000～6 000 只。

（2）夏秋放养。放养如果以虾苗或虾种为主，每亩可放养虾苗 1.2 万～1.5 万只，或放养虾种 0.8 万～1 万只。在 5—6 月直接放养成虾也是可以的，规格为 25～30 克/只，每亩网围养殖区放养 3~5 千克，雌、雄配比要恰当。通过饲养管理，促其交配产卵，孵化虾苗，实现增、养结合。

三、饲养管理

1. 饵料投喂

小型湖荡养殖小龙虾，小龙虾主要的食物是天然饵料。在虾种、成虾放养初期，适量增设一些用小杂鱼加工成的动物性饵料即可。此外，11—12 月也应补投一些动物性饵料，来弥补天然饵料的不足。如果小龙虾实行精养，由于放养的虾种数量较多，就可参照池塘养殖小龙虾方式进行科学投饵。

2. 防汛防逃

在小型湖荡养殖小龙虾，最怕的是汛期陡然涨水，或大片水生植物漂流下来造成的围栏设施垮塌。提前做好防汛准备十分重要，准备好防汛器材，及时清理漂浮于上游的水生植物，加高加固围栏设施。汛期安排专人值班，每天检查设施安全。

3. 清野除害

小型湖荡由于水面大，围栏设施也比较简陋，凶猛鱼类以及其他敌害、小杂鱼等很容易进入。这些敌害和小杂鱼会危害小龙虾，并与之争夺食物、生存空间，影响小龙虾的生长。养殖者要定期组织小捕捞，捕出侵入的凶猛鱼类和野杂鱼。

四、成虾的捕捞

6—7 月，商品虾的捕捞就可以进行了。捕捞工具主要采用地笼网、手抄网、拖虾网等。捕捞时应根据市场需求，有计划地起捕上市，才能实现产品增值。同时，留下一部分亲虾，让其交配、产卵、孵幼，为翌年小龙虾成虾的养殖提供足够的优质种苗。

第六章　小龙虾生态养殖

第一节　稻田养殖小龙虾

利用稻田的浅水环境，辅以人为措施，可以在稻田饲养小龙虾。这种养殖方式可以既种稻又养虾，提高稻田单位面积生产效益。小龙虾是目前最适合稻田养殖的淡水品种之一。早在20世纪60年代，美国就开始在稻田里养殖小龙虾。稻田养虾不会对水稻产量造成影响，还能起到提高水稻质量、减少用药量、降低生产成本的作用。因此，稻田养虾具有投资少、见效快和收益大等优点，可有效利用我国农村土地资源和人力资源。它是一项值得推广的农村养殖方式。稻田养殖小龙虾目前有两种模式：一是稻虾共作养殖，二是小龙虾和中稻的连作养殖。

稻田养殖小龙虾共生原理的内涵是以废补缺、互利共生、化害为利，以"稻田养虾，虾养稻"为目的。

一、稻田的选择与合理布局

养虾稻田对环境有一定的要求，一般涉及以下4个方面。

1. 水源

稻田水源要充足，水质良好，周围没有污染源。田埂要比较厚实，一般比稻田平面高出0.5~1.0米，埂面宽2米左右，并敲打结实，堵塞漏洞，以防止小龙虾逃逸并提高蓄水能力。田面平整，稻田周围没有高大树木；桥涵闸站配套，通水、通电、通路。雨季水多不漫田、旱季水少不干涸、排灌方便、没有有毒污水和低温冷浸水流入，水质良好，农田水利工程设施要配套，有一定的灌排条件。

2. 土质

由于黏性土壤的保肥力强，保水力强，渗漏性小，这种稻田土质肥沃，是可以用来养虾的。而渗水漏水、土质瘠薄的稻田、矿质土壤、盐碱土则均不宜养小龙虾。

3. 合理布局

养殖稻田面积要根据具体条件，本着便于管理和投喂的目的，对其进行合理布局。养殖面积略小的稻田，只需在四周开挖环形沟，水沉水植物为主，兼顾漂浮植物，要求参差不齐、错落有致。

养殖面积较大的稻田，需要设立不同的功能区：稻田的 4 个角落设立漂浮植物暂养区；环形沟种植沉水植物和部分挺水植物；田间沟则全部种植沉水植物。

4. 做好防汛、防逃工作

只要条件允许，就要备足一定的防汛器材，并提前对田埂、防逃设施进行加固。要经常检查防逃设施，及时修补。

二、开挖虾沟

夏季高温对小龙虾影响较大，一般稻田水位浅，因此必须在稻田田埂内侧四周开挖环形沟和虾溜。以水稻不减产为前提，尽可能地扩大虾沟和虾溜面积。虾沟、虾溜的开挖面积一般不超过稻田的 8%。对于面积较大的稻田，应开挖"田"字、"川"字或"井"字形田间沟，但面积也应控制在 12% 左右。环形沟距田埂 1.5 米左右，上口宽 3 米，下口宽 0.8 米；田间沟宽 1.5 米，深 0.5~0.8 米。虾沟不仅可以防止水田干涸，并且可以作为晒田、施追肥、喷农药时小龙虾的退避处，还是夏季高温时小龙虾栖息隐蔽遮阴的理想场所。

虾沟的位置、形状、数量、大小受稻田的地形和面积影响很大。通常面积比较小的稻田，只需在稻田四周开挖虾沟即可；面积比较大的稻田，每隔 50 米左右在稻田中央多开挖几条虾沟，周边的沟较宽些，田中的沟可以窄些。虾沟示意见图 6-1。

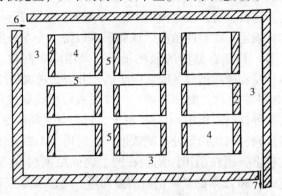

1. 田埂；2. 田中小埂；3. 虾沟（周边沟）；
4. 田块；5. 虾沟（田中沟）；6. 进水口；7. 排水口

图 6-1 虾沟示意

三、加高、加固田埂

加高、加宽、加固田埂是一项重要的工作，可以保证稻田达到一定的水位，防止田埂渗漏，增加小龙虾活动的空间，提高小龙虾的产量。开挖环形沟的泥土可以垒在田埂上并夯实，田埂加固时要层层夯实，确保田埂高 1.0~1.2 米，上宽 2 米，做到不裂、不漏、不垮，以防雷阵雨、暴风雨和满水时崩塌，发生小龙虾逃逸现象。有条件的话，可以在防逃网的内侧种植一些黑麦草、南瓜、黄豆等，可以起到为周边虾沟遮阳的作用，其根系还可以起到护坡的作用。

实践证明，为了给小龙虾的生长提供更多的空间，在田中央开挖虾沟的同时，可多修建几条田间小埂，为小龙虾挖洞提供更多场所。

四、防逃设施要到位

在稻田进行小龙虾的高密度养殖，产量和效益都较高，但必须在田埂上建设防逃设施。

常用的防逃设施有两种，一种是安插高为 55 厘米的硬质钙塑板作为防逃板，将其埋入田埂中约 15 厘米，每隔 75~100 厘米处用一木桩固定，注意四角应做成弧形，以防止小龙虾沿夹角攀爬外逃；另一种是在易涝的低洼稻田，采用麻布网片、尼龙网片、有机纱窗和硬质塑料薄膜共同防逃。方法是选取长度为 1.5~1.8 米的木桩或毛竹，削掉毛刺，一端削成锥形或锯成斜口，沿着田埂将这种柱打入土中 50~60 厘米，桩与桩之间隔 3 米左右，并呈直线排列，田块拐角处呈圆弧形。然后用高 1.2~1.5 米的密网固定在桩上，围在稻田四周，在网上内面距顶端 10 厘米处缝上一条宽 25~30 厘米的硬质塑料薄膜即可。防逃膜不应有褶，接头处光滑且不留缝隙。

小龙虾很容易从进、出水口逃逸，因此在修筑进、出水口时，按照高灌低排的格局，进水渠道建在田埂上，排水口建在虾沟的最低处，保证水能够灌入和排出。此外，还要定期对进、排水总渠进行整修。稻田的进排水口用铁丝网或双层密网防逃，也可用栅栏围的方法，既可以防止小龙虾在进水或下大雨的时候外逃，也能起到防止蛙卵、野杂鱼卵及幼体进入稻田危害蜕壳虾的作用。为了防止夏天雨季冲毁堤埂，稻田还应开设一个溢水口，溢水口用双层密网过滤以防止小龙虾乘机逃走。

为了检验防逃设施的可靠性，在规模化养殖的连片养虾田外侧，可以修建一条田头沟或防逃沟，在沟内长年用地笼捕捞小龙虾，因此它既是进水渠，又是检验防逃效果的一道屏障。

五、水稻田管理

1. 水稻品种选择

用于养虾的稻田一般只种一季稻，目前常见的品种有汕优系列、协优系列等。在选择品种时尽量选择那些叶片开张角度小、抗病虫害、抗倒伏且耐肥性强的紧穗型品种。

2. 秧苗移植

一般在 5 月下旬开始移植秧苗，但是养虾的稻田最好提早 10 天左右栽插，采取的方法为条栽与边行密植相结合、浅水栽插。采用抛秧法，可以减少栽秧时对小龙虾的侵扰。为充分发挥宽行稀植和边坡优势的技术，移植密度为 30 厘米×15 厘米为宜，有利于改善小龙虾生活环境的通风、透气性能。

3. 科学施肥

在养虾的稻田，主要施加的肥为基肥和腐熟的农家肥。每亩可施农家肥 300 千克，尿素 20 千克，过磷酸钙 20~25 千克，硫酸钾 5 千克。通常情况下，放虾后不施追肥，否则会降低田中水体溶解氧，对小龙虾的正常生长造成影响。在小龙虾养殖过程中，如果发现脱肥，可追施尿素，但追施的量要少，一般每亩不超过 5 千克。

施肥的方法是这样的：先排干田水，等虾集中到虾沟中再施肥，这样肥料会迅速沉积于底泥中，并迅速被田泥和禾苗吸收，接下来加深田水到正常深度。施肥的方法还可以选用少量多次、分片撒肥或根外施肥等。对小龙虾有害的化肥如氨水和碳酸氢铵等是禁止使用的。追肥如果用经过发酵的有机粪肥，会收到很好的效果。施肥量为每亩 15~20 千克。

4. 科学施药

稻田养虾好处颇多：能有效抑制杂草的生长；降低病虫害的发生率。在稻田养虾时，要尽量减少除草剂和农药的使用。在小龙虾入田后，如果再发生草荒，可以采用人工拔除的方式。如果遇到稻田病害或虾病严重的确需要用药时，应掌握以下施药原则：①科学诊断，对症下药。②选择一些高效低毒低残留的农药。③慎用美曲膦酯等药物，禁用溴氰菊酯等药物。因为小龙虾是甲壳类动物，也是无脊椎动物，对含膦药物、菊酯类、拟菊酯类药物特别敏感。④喷洒农药时，一般应加深田水，可以起到降低药物浓度、减少药害的效果。也可以先把田水降低到虾沟以下位置再施药，8 小时后立即上升水位至正常水平。⑤粉剂药物应选择在早晨露水未干时喷施，水剂和乳剂药物则应在下午喷洒。⑥排水速度要慢，等虾爬进虾沟后再施药。⑦用药方法可采取分片分批进行，具体操作为先施稻田的其中一半，过两天再施另一半，施药时尽量避免农药直接落入水中，保证小龙虾的安全。

施药后，有时会出现虾上爬、急躁不安的状况，这时应立即采取急救措施。急救方法：一为换水速度较快；二为用生石灰水全田泼洒。

5. 科学晒田

水稻在生长发育过程中的需水情况与养虾需水是互相矛盾的，并且始终处在变化中。当田间水量多、水层保持时间长时，对虾的生长有利，但对水稻却不利。对于水稻的生长，农谚是这样总结的："浅水栽挟、深水活棵、薄水分蘖、脱水晒田、复水长粗、厚水抽穗、湿润灌浆、干干湿湿。"有经验的老农常常采用晒田的方法来抑制无效分蘖。此时水位很浅，对小龙虾非常不利，因此稻田的水位调控工作是非常重要且必要的。在生产实践中，一条很重要的经验"平时水沿堤，晒田水位低，沟溜起作用，晒田不伤虾。"因此，在晒田前，为了严防阻隔与淤塞，要清理虾沟虾溜。晒田总的要求为轻晒或短期晒。晒田时，要把沟内水深保持在低于秧田表面 15 厘米，田块中间不陷脚，田边表土不裂缝和发白，见到水稻浮根泛白就可以了。晒好田后，要及时恢复原来的水位。

6. 病害预防

在小龙虾稻田养殖过程中要始终坚持一项原则：预防为主，治疗为辅。预防方法有很多种，主要包括干塘清淤和消毒，种植水草和引入螺蚬，苗种检疫和消毒，调控水质和改善底质等。

常见的小龙虾的敌害生物有水蛇、青蛙、蟾蜍、水蜈蚣、鼠、黄鳝、泥鳅、鸟等，应及时采取有效措施驱逐或诱灭。在放养初期小龙虾容易被敌害侵袭，因为此时稻株茎叶不茂，田间水面空隙较大，小龙虾个体也较小，活动能力弱，逃避敌害的能力还不强。小龙虾最容易成为敌害的适口饵料的时间为蜕壳期。收获期，因为田水排浅，小龙虾可能会到处爬行，易被鸟、兽捕食。综上所述，要加强田间管理，及时驱捕小龙虾的敌害。如果条件允许，在田边设置一些彩条或稻草人也是一种驱赶水鸟很好的方法。此外，在放养虾苗后，为避免损失，还要禁止家鸭下田沟活动。

虽然小龙虾的疾病目前发现的很少，但也不可掉以轻心，当前发现的主要疾病为纤毛虫寄生。据此，要把定期预防消毒工作做到位。放苗前的稻田要进行严格消毒，虾种要用5%食盐水浴洗5分钟，严防病原体带入田中；采用生态防治方法，落实好"以防为主、防重于治"的原则。每隔15天用生石灰溶水全虾沟泼洒，每亩使用生石灰10~15千克。不但可以有效防病治病，还能促进小龙虾的蜕壳。当夏季高温季节来临时，每隔15天，要在饵料中添加多种维生素、钙片等，这样可以增强小龙虾的免疫力。

六、稻虾连作养殖

在一些气候相对温暖的地方，如我国长江中游地区和苏南地区，存在许多低湖田、冬泡田或冷浸田。这些地区一年只种一季中稻，9—10月稻谷收割后，一般稻田要空闲到翌年6月才重新种上。如果采取小龙虾和中稻连作，既不影响中稻田的耕作和产量，每年每亩还可收获小龙虾50~100千克，效益可观，是广大农民致富的一个好门道。

小龙虾与中稻连作的养殖模式要求为一次放足虾种，分期分批轮捕。这二者连作，放养小龙虾有3种模式。

1. 放亲虾模式

在中稻收割之前1~2个月，即每年7—8月，把经过挑选的小龙虾亲虾投放在稻田的环形虾沟中。每亩投放18~20千克，雌、雄比为（1.5~2.0）：1，稻田的排水、晒田和割谷不受影响，可以照常进行。为培肥水质，可将收割后的中稻秸秆还田，并随即灌水，施腐熟的有机草粪肥。等观察到有较多的幼虾活动时，可用地笼把个体大的虾捕走，同时加强对幼虾的饲养和管理。

2. 放抱卵虾模式

每年 9—10 月，当中稻收割后稻草要还田。这时可以用木桩在稻田中营造一些人工洞穴，这些洞穴深 10~20 厘米，并立即灌水。灌水后往稻田中投放小龙虾抱卵虾，每亩投放 12~15 千克。抱卵虾投放后不必投喂人工饲料，但为培肥水质，要投施一些牛粪、猪粪和鸡粪等腐熟的农家肥。待发现有幼虾活动时，可用地笼适时捕走大虾，同时加强对幼虾的饲养和管理。有的稻田天然饵料生物不丰富，可适量投喂人工配合饲料。

3. 放幼虾模式

9—10 月当中稻收割后，要立即灌水，投施腐熟的农家肥，每亩投施 300~500 千克，将其均匀地投撒在稻田中，没于水下，以培肥水质。在稻田中投放小龙虾幼虾的量为 15 000~30 000 只。当天然饵料生物不足时，可适当投喂一些配合饲料，每日投 300~500 克/亩。一般投喂在稻田沟边，沿边呈多点块状分布。

要把稻草尽可能多地留在稻田中，没于水下浸沤，并呈多点堆积。整个秋冬季节，注重投肥、投草工作，培肥水质。一般 1 个月投 1 次水草，施 1 次腐熟的农家草粪肥。天然饵料生物丰富的稻田，可不投饲料；天然饵料生物不足，但是可以看见有大量幼虾活动的，可适当投喂人工饲料，以此提高产量和商品虾规格。

小龙虾在冬季进入洞穴中越冬，到翌年 2—3 月水温回升时从洞穴中出来。此时可以用调节水深的办法来控制水温，这样水温能更适合小龙虾生长。调控的方法是：白天有太阳时水浅些，水被晒后水温可尽快回升；晚上、阴雨天或寒冷天气水深些，这样能保持水温稳定。

开春以后，为培养丰富的饵料生物，要加强投草、投肥。一般每半个月每亩投 1 次水草，100~150 千克；同时每个月投 1 次发酵的猪、牛粪，100~150千克。条件好的每天适当投喂1次人工饲料，可加快小龙虾的生长。投喂量以稻田存虾重量的3%为宜，时间安排在傍晚。

每年3月底用地笼开始捕捞小龙虾，捕大留小，一直到5月底至6月初。中稻田整田前，彻底干田，将田中的小龙虾全部捕起。

七、投喂技巧

1. 投喂量

虾苗刚下田时的日投饵量为每亩0.5千克。随着虾苗的生长，要不断增加投喂量。天气、水温、水质等因素都会影响投喂量，但具体情况还应在生产实践中自己把握。对于小龙虾是捕大留小，稻田里虾的存田量虾农是不可能准确掌握的。也就是说按生长量来计算投喂量往往是不准确的，生产实践中鼓励虾农采用试差法来掌握投喂量。方法为第二天投食前先查一下前一天所喂的饵料情况，如果没有剩余，说明基本上够吃；如果剩下不少，说明投喂量过多；如果发现饵料没有剩余，而且饵料投喂点旁边有小龙虾爬动的痕迹，说明饵料投喂量太少了。按照这个方法观察3天就可以确定投饵量了。在没有捕捞时，每隔3天增加10%的投饵量；如果是捕大留小，则要适当减少10%~20%的投饵量。

2. 投喂方法

一般每天分上午、傍晚2次投放，以傍晚的投喂量为主，约占全天投喂量的60%~70%。小龙虾喜欢在浅水处觅食，所以养殖者在投喂时，应在田埂边和浅水处多点均匀投喂，也可以选择在稻田四周的环形沟边设饵料台，以便观察虾的吃食情况。实际生产中，饲料投喂要采取"四看""四定"的方法。

（1）"四看"投饵。①看季节。一般5月中旬前，动、植物性饵料比为60∶40；5月至8月中旬为45∶55；8月下旬至10月中旬为65∶35。②看实际情况。连续阴雨天或水质过肥时，应当少投喂，当天气晴好时则可以适当多投喂；虾大批蜕壳时少投喂，蜕壳后多投喂；虾发病时少投喂，正常生长时多投喂。总的原则为：让虾吃饱、吃好，同时不要浪费，提高饲料利用率。③看水色。水的透明度大于 50 厘米时多投喂，少于 20 厘米时应少投喂，及时换水。④看摄食活动。如果发现过夜剩余饵料，就应减少投饵量。

（2）"四定"投饵。①定时。每天分两次，时间最好固定。如果需要调整时间，一般半个月甚至更长时间才能完成。②定位。沿着田边浅水区，定点呈"一"字形摊放，每隔 20 厘米设一投饵点。在规模化养殖的稻田，也可以选择投饵机完成投喂。③定质。小龙虾饲料讲究青、粗、精结合，质量要求高，还要确保新鲜适口，配合饵料或全价颗粒饵料最好，腐败变质饵料是严禁投喂的。一般动物性饵料占 40%，粗料占 25%，青料占 35%。如果是动物下脚料，最好是煮熟后投喂。如果稻田中水草不足，一定要增加投喂陆生草类的量。要捞掉吃不完的水草，夏季它们腐烂很容易影响水质。④定量。每日投饵量的确定按"投喂量"所述。

3. 小龙虾不同生长阶段的投喂方法

在人工养殖情况下，小龙虾不同的生长阶段的投喂方法略有不同。

（1）投喂饵料种类有别。幼虾生长必须摄食一定的活饵料，因此在稻田养殖小龙虾时，必须提前培育浮游生物。在放苗前的 7 天，可向稻田内追施发酵过的有机草粪肥。水质肥了，枝角类和桡足类浮游动物就容易生长了，这样就能为幼虾提供充足的天然饵料。此外还可以从池塘或天然水域捞取浮游动物。在幼虾刚具备自主摄食能力时，可向稻田中投喂丰年虫无节幼体、螺旋藻粉等优质饵料。小龙虾第四次蜕壳后，进入体重、体长快速增长期，这时要投入足够的饵料，一般以浮萍、水花生、苦草、豆饼、麦麸、米糠、植物嫩叶等植物性饲料为主，同时要适当增加低价野杂鱼、水生昆虫、河蚌肉、蚯蚓、蚕蛹、鱼肉糜、鱼粉等动物性饲料的投喂量。成虾的养殖要保证饲料粗蛋白含量在 25% 左右，可以直接投喂绞碎的米糠、豆饼、杂鱼、螺蚌肉、蚕蛹、蚯蚓、屠宰厂和食品加工厂的下脚料以及配合饲料等。颗粒饲料的投喂效果最好，可避免小龙虾争抢饲料、自相残杀。

（2）投喂次数略有区别。幼虾一般要每天投喂 3~4 次，9—10 时投喂第一次，15—16 时投喂第两次，日落前后投喂第三次，也可以在夜间投喂第 4 次，每万尾幼虾投喂 0.15~0.20 千克饲料，投喂时沿稻田四周多点片状投喂。幼虾多次蜕壳后开始进入壮年，此时要定时向稻田中投施腐熟的草粪肥，一般每半个月一次，每次每亩 100~150 千克。同时每天投喂 2~3 次人工糜状或软颗粒饲料，日投喂量为壮年虾体重的 4%~8%，白天的投喂量占日投饵量的 40%，晚上投喂占日投饵量的 60%。成虾一天投喂两次，上午、傍晚各一次，日投饵量为虾体重的 2%~5%。

（3）水草利用有区别。水草是幼虾隐蔽、栖息的理想场所，同时也是蜕壳的良好场所，除此之外，对于成虾还可作为补充饲料，大大节约了养殖成本。

注意：小龙虾吃剩的饵料会影响水质，应及时清理。

八、灯光诱虫

飞蛾等虫类是鱼虾的优质活饵料，实践表明，在稻田中装配黑光灯引诱飞蛾、昆虫，可为小龙虾增加一定数量的廉价优质鲜活动物性饵料，使小龙虾的产量增加 10%~15%，降低 10% 以上的饲料成本，而且还可以诱杀附近农田的害虫，增产增收。蛾虫具有较强的趋光性。波长为 0.33~0.40 微米的紫外光最受蛾虫喜欢，且对虾类无害。

黑光灯所发出的紫光和紫外光，波长为 0.36 微米，可大量诱集蛾虫。

试验显示，20 瓦和 40 瓦的黑光灯诱虫效果最好，其次是 40 瓦和 30 瓦的紫外灯，最差的是 40 瓦的日光灯和普通电灯。选购 20 瓦的黑光灯管，装配上 20 瓦普通日光灯镇流器，灯架为木质或金属三角形结构。在镇流器托板下面、黑光灯管的两侧，再装配宽为 20 厘米、长与灯管相同的普通玻璃 2~3 片，玻璃间夹角为 30°~40°。蛾虫扑向黑光灯时会碰撞在玻璃上，被光热击晕后掉落水中,供小龙虾摄食。

在田埂一端离田埂 5 米处的稻田内侧,埋栽高 1.5 米的木桩或水泥柱。柱的左右分别拴 2 根铁丝,间隔 50~60 厘米。位于下面的铁丝离水面 20~25 厘米,拉紧固定后,用于挂灯管。

可以把黑光灯固定安装在 2 根铁丝的中心部位,并使灯管直立仰空 12°~15°,这样可以扩大光照面。一般 2~5 亩的稻田挂 1 组,5~10 亩的稻田可在对角分别安装 1 组,以此解决部分饵料。

黑光灯诱虫并非全年使用,一般只在每年的 5 月至 10 月初 5 个月中用到。每天诱虫的高峰期在 20—21 时,这一时段的诱虫量可占当夜诱虫总量的 85%以上,零时以后诱虫量明显减少,可以关灯。如果遇到大风、雨天,黑光灯就派不上用场。夏天时傍晚开灯效果最佳。据测试,假如开灯第一个小时诱集的蛾虫数量总额定为 100%的话,那么第两个小时内诱集的蛾虫总量则为 138%,第三个小时内诱集的蛾虫总量则为 173%。因此,每天适时开灯 1~3 个小时效果最为理想。在 7 月以前,黑光灯所诱集的蛾虫种类较多,如棉铃虫、地老虎、玉米螟、金龟子等,通常每组灯管每夜可诱集 1.5~2.0 千克,这相当于 4~6 千克的精饲料;7 月以后,诱集的蛾虫种类有蟋蟀、蝼蛄、金龟子、蚊、蝇、蜢、蚋、蝗、蛾、蝉等,每夜可诱集 3~5 千克,相当于 15~20 千克的精饲料。

九、稻田水草栽培技术

1. 栽前准备

(1)清整虾沟。如果是当年刚开挖的虾沟,只要把沟内塌陷的泥土清理一下就行了。对于已养殖虾两年的稻田,需要将整个虾沟消毒清整,主要方法为:排干沟内的水,用生石灰化水趁热全池泼洒,每亩用生石灰 150~200 千克。清野除杂,让沟底充分晾晒半个月,把虾沟的修复整理工作做好。

(2)注水施肥。栽培前 5~7 天,注水水深 30 厘米左右,用 60 目筛绢过滤进水口,每亩施腐熟粪肥 300~500 千克,可以作为栽培水草的基肥，又可使水质变肥。

2. 品种选择与搭配

（1）可把小龙虾对水草利用的优越性作为参考，从而决定移植水草的种类和数量。通常以沉水植物和挺水植物为主，辅以漂浮植物和浮叶。

（2）根据小龙虾的食性，移植水草时可多移植一些小龙虾喜食的苦草、轮叶黑藻、金鱼藻等，适当少移植其他品种水草，这样能起到调节互补的作用，对改善稻田水质、增加虾沟内的溶氧、提高水体透明度都有很好的作用。

（3）无论采用哪种养殖模式在稻田中养殖小龙虾，都应将虾沟中的水草覆盖率保持在50%左右，水草品种须在两种以上。

（4）稻田中最常栽培的3种水草是伊乐藻、苦草、轮叶黑藻。三者的栽种比例要恰当，早期伊乐藻的覆盖率应控制在20%左右，苦草的覆盖率应控制在20%~30%，轮叶黑藻的覆盖率应控制在40%~50%。三者的栽种时间也是有次序的，通常是伊乐藻—苦草—轮叶黑藻。这3种水草作用不同，伊乐藻为早期过渡性和小龙虾的食用水草，苦草为食用水草同时可供小龙虾隐藏，轮叶黑藻则是对稻田养殖长期有效的主打水草。种植这些水草要注意：伊乐藻要在冬春季节播种，高温时期到来时要将伊乐藻草头割去，留下根部以上10厘米左右的部分即成；苦草种子会遭小龙虾一次性破坏，因此要分期分批播种，错开生长期；轮叶黑藻可以长期栽培。

第二节　草荡、圩滩地养殖小龙虾

草荡、圩滩地大水面具有优越的自然条件和丰富的生物饵料，草荡、圩滩地养殖是养殖小龙虾的一种生产形式。它兼具很多优点：省工、省饲、投资少、成本低且收益高；可以和鱼、虾、蟹混养，和水生植物共生；能够综合利用水域。因此，草荡、圩滩地养虾，是充分利用我国大水面资源的有效途径之一。

在生产实践中要实行规模经营，建立生产、加工、营销一体化企业，发挥综合效益和规模效益。

一、养殖水体的选择及养虾设施的建设

1. 养殖水体的选择

在生产实践中，一定要选择交通方便，水源充沛，水质无污染，便于排灌，有堤或便于筑堤，能避洪涝和干旱之害，沉水植物较多，底栖生物、小鱼虾饵料资源丰富的地方作为养殖小龙虾的地点，并不是所有的草荡都适宜养殖小龙虾。安徽省天长市高邮湖边有许多滩涂、草荡、低洼地，这些地方是绝好的养殖小龙虾的场所，现在它们都被开发成低坝高栏养殖河蟹，效益良好。

2. 养虾设施的建设

（1）选好地址。选择好将要养虾的草荡，在四周挖沟围堤，沟宽3~5米，深0.5~0.8米。

（2）基础建设。在荡区开挖"井""田"字形鱼道，宽1.5~2.5米，深0.4~0.6米。

（3）多为小龙虾打洞提供地方。在草荡中央，可以挖些小塘坑与虾道连通，每坑面积200米^2。虾道、塘坑挖出的土可以顺手筑成小埂，埂的长度不限，宽为50厘米即可。

（4）草荡区内有一些无草地带，要在那里栽些伊乐藻等沉水植物，原有的和新栽的草占荡面的面积保持在45%左右。

（5）建好进、排水系统。为控制水位，在大的草荡还要建控制闸和排水涵洞。

（6）要建好防逃设施。可用麻布网片或尼龙网片或有机纱窗和硬质塑料膜共同防逃。一般用高50厘米的有机纱窗围在池埂四周，把质量好的、直径为4~5毫米的聚乙烯绳作为上纲缝在网布的上端，针线从纲绳中穿过，缝制时纲绳必须拉紧。接着选取长度为1.5~1.8米的毛竹竿，削掉毛刺，把没入泥土的一端削成锥形，或锯成斜口。沿池埂将竹桩打入土中50~60厘米，桩与桩间隔3米左右，并呈直线排列，当然池塘拐角处呈圆弧形。把网的上方固定在竹桩上，使网高不低于 40 厘米，然后把一条宽为 25 厘米的硬质塑料薄膜缝在网上部距顶端 10 厘米处的位置。控制针距，能防止小虾逃跑就好。针线要拉紧，否则小龙虾会逃跑，还会引来鼠、水蛇等敌害生物的入侵。

二、种苗放养前的准备

1. 清除敌害

草荡中存在凶猛鱼类、青蛙、蟾蜍、鼠、水蛇等多种敌害生物。虾种刚放入和蜕壳时抵抗力很弱，极易受其侵害，因此要及时清除这些生物。要用金属或聚乙烯密眼网包扎进、排水管口，防止敌害生物的卵、幼体、成体进入草荡。选择虾种放养前 15 天风平浪静的天气，用电捕、地笼和网捕除野。用几台功率较大的电捕鱼器并排前进，清捕野杂鱼及肉食性鱼类，来回多次。还可采用漂白粉等药物清塘，每亩用漂白粉 7.5 千克，沿草荡区中心泼洒。

对于敌害鱼类、青蛙、蟾蜍等要经常捕捉。可在专门的粘贴板上放诱饵诱粘鼠类，然后捕获它们。

2. 改良水草

草荡、圩滩地的水草覆盖面积应保持在 90%以上。当遇到水草不足时，应移植小龙虾喜食的伊乐藻、轮叶黑藻、马来眼子菜等水草，它们对水质不会造成污染。根据草荡、圩滩地水草的生长情况，要不定期地割掉水草已老化的上部，促使其及时长出嫩草，供小龙虾摄食。

3. 投放足量螺蛳

在草荡、圩滩地清除敌害生物以后，要投放一定数量的螺蛳。最佳的螺蛳投放时间为 2 月底至 3 月中旬，螺蛳的投放量为 400~500 千克/亩，令其自然繁殖。网围内要保持足够数量的螺蛳资源，当螺蛳数量不足时，要及时增补。

三、种苗放养

草荡、圩滩地放养虾后，开春也可以放养河蟹和鱼类，每亩放养规格为50~100只/千克的1龄蟹种100~200只，鳜鱼种10~15尾，1龄鲢、鳙鱼种50~100尾，充分利用养殖水体，提高养殖经济效益。

草荡、圩滩地有两种放养模式。一种方法为每年7—9月，每亩投放经挑选的小龙虾亲虾18~25千克，平均规格40克以上，雌雄性比（1~2）：1。投放后不需要投喂饲料，翌年的4—6月开始用地笼、虾笼捕捞，捕大留小。在年底，可保存一定数量的留塘亲虾用于来年的虾苗繁殖。另一种方法是在4—6月投放小龙虾幼虾，规格为50~100尾/千克，每亩投放25~30千克。通常两种放养量的产量可达50~75千克/亩。

四、饲养管理

1. 投饵管理

草荡、圩滩地养虾的核心工作是饲料管理。草荡、圩滩地养殖小龙虾一般利用这些区域的天然饵料，采用粗养的方法进行。粗养过程中适当投喂饵料可适当提高经济效益。特别是在6~9月小龙虾的生长期，投足饲料能提高养殖产量。根据小龙虾投喂后的饱食度来调整投饵量。一般每天投喂两次，9时和17时各一次，日投饵量为存虾体重的2%~5%。上午在水草深处投料，下午在浅水区投喂。投喂后要检查小龙虾的吃食情况，一般投喂后两小时吃完最好。

2. 水质管理

草多腐烂会造成水质恶化，每年秋季这种现象较为严重，应引起草荡养虾者的注意。及时除掉烂草，并注新水，使水体溶氧量保持在5毫克/升以上，透明度达到35~50厘米。注新水应选择在早晨，不能在晚上，否则小龙虾会逃逸。草荡面积、小龙虾的活动情况和季节、气候、水质变化等都会影响注水次数和注水量。为帮助小龙虾蜕壳，保持蜕壳的坚硬和色泽，可在小龙虾大批蜕壳前用生石灰化水全荡泼洒。

3. 日常管理

（1）建立岗位管理责任制。专人值班，坚持每天早晚各巡田 1 次。严格执行以"四查"为主要内容的管理责任制。①查水位、水质变化情况，定期测量水温、溶氧量、pH 值等；②查小龙虾活动摄食情况；③查防逃设施完好程度；④查病敌害侵袭情况。发现问题立即采取相应的解决措施，要求工作人员做好值班日志记录。

（2）防逃工作。草荡、圩滩地养殖小龙虾面临的最严峻的问题是防逃。虾种刚放入荡时不适应新的环境、夏季汛期时均易逃逸。此时要加强看管。平时还要勤检查拦网有无破损、水质有无污染，发现问题要及时处理。

（3）蜕壳期管理。在小龙虾蜕壳期，要保持周围环境稳定，增投动物性饲料。水草不足时要适时增设水草草把，以利于小龙虾附着蜕壳。

五、捕捞

在饵料丰富、水质良好、栖息水草多的环境中，小龙虾生长迅速，捕捞时可根据放养模式进行。放养亲本种虾的草荡、圩滩地，可在 5—6 月用地笼进行捕虾，捕大留小，一直到天气转凉的 10 月为止；9—10 月可在草荡、圩滩地降低水位，捕出河蟹和鱼类。小龙虾捕捞时要把一部分性成熟的亲虾留下。作为翌年养殖的苗种来源，9—10 月捕捞的抱卵虾要放到专池饲养。

第三节　小龙虾和鳜鱼生态混养

一、生态混养原理

这种养殖模式主要是根据小龙虾单养产量较低，水体利用率偏低，池塘中野杂鱼多且小龙虾和鳜鱼之间栖息习性不同等特点而设计，可提高水体利用率。

二、池塘条件

可利用原有小龙虾虾池，也可利用养鱼塘加以改造。要选择水源充足、水质良好、水深为 1.5 米以上、水草覆盖率达 25% 左右的池塘。

池塘面积以 10 亩左右为宜，东西走向，长宽比以 3∶1 为宜。为了预防疾病的传染，每个池塘都要有独立的进排水系统。

三、清整池塘

主要是加固塘埂，浅水塘改造成深水塘，使池塘能保持水深达到 1.8 米以上。消毒清淤后，每亩用生石灰 75~100 千克化浆全池泼洒，将生石灰溶化后不得冷却即进行全池泼洒，以杀灭黑鱼、黄鳝及池塘内的病原体等。

四、及时注水

在虾种或鳜鱼鱼种投放前 20 天即可进水，水深达到 50~60 厘米。进水时可用 60 目筛绢布严格过滤。

五、种草养螺

投放虾种前应移植水草，使小龙虾有良好栖息环境。水草培植一般可播种苦草、伊乐藻、轮叶黑藻、金鱼藻等。

每亩可放养螺蛳 500 千克/亩。

六、防逃设施

做好小龙虾的防逃工作是至关重要的，具体的防逃工作和设施见前文。

七、放养苗种

小龙虾放养是以抱卵虾为主，不宜放养幼虾，时间在 9—10

月底之前进行，每亩放 15 千克左右。鳜鱼种放养时间宜在 8 月 1 日前进行，放养 2~4 厘米规格的鳜鱼种，每亩投放 500 尾。

八、饲料投喂

鳜鱼饵料的来源：一是水域中的野杂鱼；二是水域中培育的饵料鱼或补充足量的饵料鱼供鳜鱼及小龙虾摄食。

投喂量则主要根据小龙虾体重计算，每天投喂 2~3 次，投饵量一般掌握在 5%~8%，具体视水温、水质、天气变化等情况调整。

第四节　小龙虾和泥鳅生态混养

这种养殖模式是利用二者生长的养殖周期不同而设计的，可充分利用水体空间资源和饵料资源，做到上半年养殖小龙虾，下半年养殖泥鳅，具有养殖周期短、投入资金少、见效快的优点。

小龙虾的养殖周期是从当年 9 月放养虾种开始，到翌年 7 月起捕完毕为止。小龙虾从下塘就进入打洞和繁殖时期，基本上不在洞外活动，而此时正是泥鳅生长发育的大好时机。待进入小龙虾的生长旺季和捕捞旺季的 3—6 月，泥鳅正处于繁殖状态，可另塘培育。也可在小龙虾池中轮养大规格的鳅种，使泥鳅在 2~3 个月内就可以达到上市规格。

一、生态养殖池条件

由于泥鳅和小龙虾都喜欢栖息在浅水、静水的水域环境中，在浅水处的水草旺盛的地方更是多见，因此可利用原有蟹池或小龙虾池，也可利用养鱼塘加以改造。要选择水源充足、水质良好，水深为 1.2~1.5 米、水草覆盖率达 25% 左右的池塘。

养殖小龙虾、泥鳅的池塘面积不宜过大，一般 3~6 亩为宜，东西走向，长宽比以 5:1 或 5:2 为宜。为了预防疾病的传染，池与池不可相通，每个池塘都要有独立的进排水系统，排水系统设在池塘比较低一点的位置，排水口离池底 30 厘米为宜，这样便于控制水位。池塘四周及进排水口处要设置防逃设施。

二、准备工作

（1）清整池塘。主要是加固塘埂、夯实池壁，同时将浅水塘改造成深水塘，使池塘能保持水深达到 2 米以上。池底要保持有 15～20 厘米左右的软泥，起保肥的作用。池底要保持平坦，略微向排水口一侧倾斜 5～10 厘米，目的是能及时将池底的水排干净。

（2）池塘消毒。消毒清淤后，每亩用生石灰 75～100 千克化浆全池泼洒，杀灭黑鱼、黄鳝及池塘内的病原体等。一般在 7～10 天后，毒性基本消失后才能投放泥鳅和小龙虾苗种。

（3）进水。在虾种或泥鳅种投放前 20 天即可进水，水深达到 50～60 厘米。进水时可用 60 目筛绢布严格过滤。

（4）种草。投放虾种前应移植水草，使小龙虾和泥鳅有良好栖息环境。种好草既可以为小龙虾创造良好的栖息、蜕壳环境，又能满足泥鳅、小龙虾摄食水草的需要。水草培植一般可播种苦草、伊乐藻、轮叶黑藻、金鱼藻、水鳖草等。

（5）投螺。投放螺蛳一方面可以净化底质，另一方面可以及时补充部分动物性饵料，尤其是刚繁殖出来的幼螺更是小龙虾和泥鳅的可口饵料。放养螺蛳的数量控制在 300 千克/亩左右，供小龙虾和泥鳅食用。

（6）培肥。每亩池塘施用发酵的猪粪和大粪 250 千克，加水 30 厘米浸泡两天，使池塘的底泥软化，做到泥烂水肥。施肥的主要目的是培育饵料生物，从而使虾苗和鳅苗下塘后就能有充足、可口的天然饵料摄食。在饲养管理阶段，可根据水色的变化及时施加追肥，一般每 10 天左右追肥一次，具体的追肥量应按池塘水质的肥瘦而定。

三、苗种放养

在选择虾苗时，要选择体质健壮、个体比较均匀的虾苗，如果发现虾苗活动迟缓、脱水较严重或受伤较多，就不要选用了。尤其是从农贸市场上收购的苗种，更要警惕，一定要仔细检查其质量。在苗种放养前一定要用 3% 食盐水洗浴 10 分钟，然后缓缓地放在浅水区，任它们自行爬动。在倒虾苗时一定要注意动作要轻，速度要慢，切不可直接倒入池塘中，否则入池的苗种成活率会大大降低。

由于小龙虾在生长发育的高峰期也是吃泥鳅的，所以在混养泥鳅时，最好避开小龙虾的生长高峰期，因此泥鳅的养殖周期短，要选择大规格的鳅种来放养。适宜放养的泥鳅苗种规格为400~500 尾/千克，这种规格的体长为 6~8 厘米，投放量为 2 万~3 万尾/亩。泥鳅的苗种可以从泥鳅繁殖场采购、自己人工繁殖培育或从农贸市场收购优质苗种，要求规格整齐、体质健壮、无病无伤。需要注意的是，在苗种放养时一定要用 1%~2% 食盐消毒3~5 分钟，也可用浓度为 10 毫克/千克的高锰酸钾溶液消毒 10分钟。

四、饲料投喂

投喂量主要根据小龙虾体重计算，一般掌握在 5%~8%，具体视水温、水质、天气变化等情况调整。在养殖的全过程中，要搭配一定数量的新鲜动物性饵料，如新鲜的鱼虾、打碎的河蚌等，比例可占每日投饵量的 50% 左右，以防小龙虾营养不良而造成虾体消瘦。投喂饵料时也是有讲究的，为了便于观察小龙虾的摄食和蜕壳情况，可沿着池塘的浅水区投喂，一般是采取带状投喂；也可采取定点投喂，为了便于小龙虾的取食，可每隔两米设立一个投料点。一般每天投喂两次，第一次在 9 时左右，投饵量占全天投饵量的 30%，第二次为 18 时左右，投饵量占 70%。

在这种混养模式中，泥鳅基本上是不用投喂人工配合饲料的，只需人工培育天然饵料就可以了。

五、调节水质、水位

主要是加强水质管理，改善水体环境，使水质保持高溶氧状态。在小龙虾或泥鳅苗种入池后，要适时、适量地追施发酵的有机粪肥，促进水草生长和培育饵料生物，每半月施一次生石灰水，用量为 7.5~10 千克/亩。在生长期间，一定要保持水位的相对稳定，一般水深可控制在 60 厘米左右。生产实践表明，在水位经常变化的情况下，泥鳅和小龙虾都会打洞，尤其是小龙虾会掘很深的洞穴来隐藏，有时会直接影响堤埂的安全。长期在洞穴中生长的小龙虾和泥鳅都会出现生长僵化、停滞的现象，导致早熟现象，个体也较小，直接影响上市规格。因此，可以通过加水、排水的方法来控制水位和水温。

六、加强巡塘

每天要巡塘 2~3 次。

（1）观察水色，保持池水处于"肥、活、嫩、爽"的良好状态，注意小龙虾和泥鳅的动态，检查水质的变化，观察小龙虾和泥鳅的摄食与生长情况，看池中的饵料是否有过剩。

（2）大风大雨过后及时检查防逃设施，由于小龙虾和泥鳅的逃逸能力很强，尤其是在暴雨或连日阴雨时更会逃跑，因此要加强对防逃设施的检查，如有破损及时修补，如有鼠、蛙、蛇等敌害及时清除，并详细记录养殖日记，以随时采取应对措施。

（3）保持环境的相对稳定安静，否则会影响小龙虾的摄食及蜕壳生长。

（4）若池水过肥要及时开启增氧机来进行增氧。

七、病害防治

对泥鳅和小龙虾疾病的防治主要以防为主、防治结合，重视生态防病，以营造良好生态环境，从而减少疾病发生。平时要定期泼洒生石灰、磷酸二氢钙、强氯精等以改善水质，杀灭病菌。在养殖期间，小龙虾很可能罹患纤毛虫病，一定要加以重视。投喂的饲料要新鲜没有变质的情况，在配合饲料中要适当添加一些光合细菌及免疫剂，以增强泥鳅和小龙虾的免疫力。如果发病，用药要注意兼顾小龙虾、泥鳅对药物的敏感性，对有机磷、敌杀死、除虫菊酯等药物很敏感，在防病治病时要注意不能选用，就是在加水时也要注意查明水源情况，以防万一。

八、捕捞方法

捕捞工具基本上是通用的，都可以用地笼来捕捉，效果非常好。有时为了取得更好的效果，可以在使用地笼时加一些诱饵，例如动物内脏、熬过的骨头等。泥鳅的捕捞时间是在 10 月上旬当水温在 15～18℃时，而小龙虾是在 5 月底就可以捕捉上市了。在捕捉时，先将地笼沉入池底，两端吊起，离水面 30～40 厘米高，如果发现两端下沉时，就要及时倒出泥鳅和小龙虾，以免密度过大或沉水时间过长而导致缺氧闷死。

第五节　小龙虾和黄鳝生态轮养

养殖户都知道，黄鳝和小龙虾是目前养殖效益较高的两个水产品种，如果能在一个池塘里同时实现小龙虾和黄鳝的养殖，经过一个养殖周期后，能提供相当数量的商品小龙虾和商品黄鳝，将会给池塘养殖带来更好的经济效益。

一、生态养殖优势

1. 养殖模式

这是一种利用池塘养殖和网箱养殖相结合的模式，在池塘里设置网箱养殖黄鳝，在网箱外养殖小龙虾，在养殖小龙虾时网箱可以收起，也可以不收，继续放在池塘里。

2. 提高池塘的利用效率

在池塘里采用网箱养殖黄鳝时，都是在每年 6—7 月开始投放黄鳝苗种，11—12 月捕捞商品黄鳝。池塘的实际利用时间只有半年，而其他的时间里这个池塘基本上是处于空闲状态，并没有得到充分利用。实施这种养殖模式后，可以合理利用时间差，养一季小龙虾，再养一季黄鳝，可充分利用池塘资源，使池塘利用率和养殖效益得到很大提升。

3. 减少病害发生，提高商品虾、鳝的质量

无论是在哪种水体中，只要是用网箱养殖的，就必须投喂大量的饲料。在池塘里设置网箱养殖黄鳝时，也需要投喂大量的蛋白质含量较高的动物性饲料，黄鳝在捕食过程中，总会有一些饲料溢出网箱外，或者是破碎后沉到塘底，时间一长，这些在池底的饲料就会败坏，从而污染水质，导致浮游微生物过度繁殖，使黄鳝抗病能力下降，容易导致黄鳝发生疾病。小龙虾则能充分利用这些黄鳝的剩余饲料，及时地将沉积在池底的饲料吞食掉，从而起到净化水质的作用，因此采用小龙虾和黄鳝在一起养殖时，养虾、养鳝相互交叉喂养，就可以有效地降低黄鳝发生疾病的可能性，从而提高商品虾、鳝的质量，有着极其高的实用价值和经济效益。

4. 降低养殖成本

由于小龙虾能及时消解黄鳝吃剩下的饲料，甚至部分黄鳝的粪便也能被小龙虾摄食，而且小龙虾生长极快且肥壮，形成了全生态的环境，对改良水体水质和减少病虫害的发生有益，因此养殖水体的水色比较好。故此，养鳝期间换水、冲水和调节水质的次数也可以相应减少，从而有效地降低养殖成本，提高经济效益。

二、养殖流程

每年从 6 月开始用网箱养殖黄鳝，同时在网箱外的池塘里套养小龙虾的幼虾。一直养殖到 9 月下旬至 10 月中旬时，池塘里的幼虾已经全部达到上市规格了，这时可陆续起捕大规格的小龙虾上市，同时也要留足亲虾，为翌年的养殖做好种苗的贮备工作。一般每亩可留 15~20 千克小龙虾种虾，让小龙虾在养鳝池自然繁殖，其余的小龙虾全部出售。待 11—12 月将黄鳝捕捞销售，也可暂养到春节或翌年的元宵节前后出售，这时的价格是一年中最高的；可将网箱从池塘里取出，这样就可以腾出更多的地方来养殖小龙虾，同时种植水草，加水至 1.0~1.5 米。此时种虾已经进洞穴孵化幼虾

了，让小龙虾在池塘中自然越冬。翌年的清明节前后，当水温上升时，看到池边有部分小龙虾在活动时，就要及时投喂小龙虾饲料。从 4 月下旬开始轮捕轮放池塘里的小龙虾，以降低池塘里的养殖密度，一直捕到 6 月，这时池塘里的成虾基本全部捕捞完，只留下少部分亲虾供繁殖留种用，还有一些特别小的幼虾也要留在池塘里继续发育。同时将网箱插到池塘里进行下一轮的黄鳝网箱养殖。如此循环，即可实现虾、鳝高产高效的轮养。

三、池塘条件

池塘条件和一般的池塘相似，但是最好要有深有浅，这样可以在深水区实施网箱养殖黄鳝，在浅水区放养小龙虾。其他的池塘消毒、水草种植和防逃设施同前文。

四、苗种放养

1. 放养前的处理

网箱的密度一般是每亩净水面设置网箱总面积 300 米^2 左右，每口网箱面积 15 米^2。在黄鳝苗种投放前，每口网箱中要种植水草占网箱面积的一半，同时在池塘中的四周的浅水区也要种植水草。网箱里的水草用水葫芦和水浮莲最佳，池塘里的水草用水花生和水葫芦，在四周种水花生，而在中间则用水葫芦。

2. 黄鳝苗种的放养

适宜投放苗种的天气为连续 5 天左右的晴朗天气，投放时间为 6 月中旬至 7 月中旬。具体的投放时间可在 16 时左右，要一次性投放。要求鳝种规格一致，体质健壮，无病无伤，投放密度为 1 千克/米^2。

3. 小龙虾的放养

初次在网箱养殖黄鳝的池塘里养殖小龙虾时，小龙虾苗种的投放可分两次：第一次是在 6 月，收购当地的小龙虾幼苗，每亩放养 120 千克，两个月后可以全部捕捞干净；第二次投放时间最好在 9 月下旬至 10 月中旬，投放抱卵亲虾，每亩放养数量 15 千克左右。以后每年在捕捞小龙虾时，同时留足亲虾就可以了，不需要再次投种。

4. 配养鱼的投放

在这种混养模式中，还可以投放一些配养鱼，主要是以吃食浮游生物为主的鲢鱼、鳙鱼，同时可充分利用空间，每亩可投放 10 厘米左右的鲢鱼、鳙鱼各 50 尾。所有的虾、黄鳝和鱼在人池前均要进行体表消毒，杀灭病原菌。

5. 小龙虾苗种对网箱的影响

在最初发展这项模式时，有许多农民朋友担心这两者都是肉食性的，会相互残杀，更加担心小龙虾会夹破网箱，导致网箱里的黄鳝逃跑，事实证明这种担忧是多余的。因为小龙虾只要有食物，基本上活动在周边 $1 \sim 2$ 米² 的范围内，夜间出来活动也是底栖为主，靠近水草、塘埂边；而养殖黄鳝的网箱是在池塘的深水区，小龙虾并不喜欢在那里栖息、生活。另外，在 6 月投放小龙虾幼苗，它们的活动能力还是比较弱的，只养殖两个月左右就起捕上市了，它们对网箱的危害并不严重；而 9 月的抱卵虾放入池塘后，为了繁衍后代的本能需要，它们会迅速寻找田埂或池底打洞繁殖，所以是不会夹穿网箱的。

五、科学投喂

在投喂这个问题上，要做到科学合理进行饲料的投喂，听从技术员的合理要求和建议，使饲料投入少，从根本上能够节约资金。在这个养殖模式中，主要是投喂黄鳝，每天在傍晚投料一次，投饲量占黄鳝体重的 5%，主要以鲢鱼、鳙鱼的肉糜、螺肉、蚌肉等动物为主食，辅以配合饲料。

小龙虾的食物来源：一是以黄鳝的残饵和粪便为食；二是以水草为食；三是以其他食物为食，如腐屑、浮游生物等。不需要投喂其他饲料。

六、疾病防治

虾、鳝混养、轮养时，病害的发生率较低，在养殖过程中以预防为主，规范用药，合理使用好药物，做好药物使用记录，生产无公害成品。主要方法是：一是在鳝种和虾种投放前，要进行药浴消毒；二是每个月用聚维酮碘全池泼洒一次，浓度为 3 毫克/升，预防细菌性疾病；三是注意多观察，勤巡视，抓好高温多变时节易发病的早期预防，适当换水增加含氧量；四是每隔半个月用内服药物如蠕虫净等拌饵，预防黄鳝体内寄生虫。要注意切忌使用敌百虫来防治黄鳝、小龙虾的疾病。

七、捕捞

黄鳝的捕捞很简单，到了适当时期，只要将网箱里的水草取出，提起网衣，将网箱里的黄鳝集中到一角就可以直接捕捞了。

小龙虾的捕捞采用捕大留小的方法，用 2~2.5 厘米网眼的中号地笼重复捕捞。小龙虾是越捕越长，尤其是下一次雨，猛长一次，一般是捕两天，停两天。这是因为随着捕捞次数的增加，池塘里的小龙虾密度就会变小，其生长速度也随之加快。

第六节　小龙虾和南美白对虾生态混养

在池塘中进行小龙虾与南美白对虾混养，是利用南美白对虾能在淡水中养殖的特点，采取科学的技术措施，达到增产增效的目的。

一、池塘选择

一般选择可养鱼的池塘或利用低产农田四周挖沟筑堤改造而成的提水养殖池塘，面积不限，要求水源充足、水质条件良好、池底平坦。底质以砂石或硬质土底为好，无渗漏，进排水方便。虾池的进、排水总渠应分开，进、排水口应用双层密网防逃，同时也能有效地防止蛙卵、野杂鱼卵及幼体进入池塘危害蜕壳的虾。为便于拉网操作，一般面积以 20 亩左右为宜，水深 1.5~1.8 米。

二、配套设施

1. 防逃设施

和南美白对虾相比，小龙虾的逃逸能力比较强，因此在进行小龙虾池混养殖南美白对虾时，必须设置防逃设施。防逃设施有多种，具体的使用方法见前文。

2. 隐蔽设施

无论对于南美白对虾还是小龙虾来说，在池塘中设有足够的隐蔽物，对于它们的栖息、隐蔽、蜕壳等都有好处，因此可以设置竹筒、瓦片、网片、砖块、石块、竹排、塑料筒、人工洞穴等隐蔽物体供其栖息穴居，一般每亩要设置人工巢穴 500 个左右。

3. 其他设施

用塑料薄膜围拦池塘面积的 5% 左右作为南美白对虾的暂养池，同时根据池塘大小配备抽水泵、增氧机等机械设备。

三、池塘准备

1. 池塘清整、消毒

要做好平整塘底、清整塘埂的工作，使池底和池壁有良好的保水性能，尽可能减少池水的渗漏。对旧塘进行清除淤泥、晒塘和消毒工作。5 月初抽干池水，清除淤泥，每亩用生石灰 100 千克、茶籽饼 50 千克溶化和浸泡后分别全池泼洒，可有效杀灭池中的敌害生物如鲶鱼、泥鳅、乌鳢、蛇、鼠等及一些致病菌。

2. 种植水草

经过滤注水后，就要开始移栽水草，这是对南美白对虾和小龙虾生长发育都有好处的一项措施。水草的种植方法同前文。

四、培肥

每亩池塘施用发酵的猪粪和大粪 200 千克，加水 30 厘米浸泡两天，使池塘的底泥软化，做到泥烂水肥。施肥的主要目的是培育饵料生物，从而使虾苗下塘后就能有充足、可口的天然饵料摄食。在饲养管理阶段，可根据水色的变化及时施加追肥，一般每10天左右追肥一次，具体的追肥量应根据池塘水质的肥瘦而定。

五、放养螺蛳

螺蛳是小龙虾很重要的动物性饵料，在放养前必须放足鲜活的螺蛳，一般是在清明前每亩放养鲜活螺蛳200~300千克，以后根据需要逐步添加。投放螺蛳一方面可以改善池塘底质，另一方面可以为南美白对虾和小龙虾补充部分动物性饵料，还有就是螺蛳壳可以提供一定量的钙质，能促进南美白对虾和小龙虾的蜕壳。

六、苗种投放

石灰水消毒后，待7~10天水质正常后即可放苗。

1. 南美白对虾苗种的放养

在5月上中旬放养南美白对虾为宜，选购经检疫的无病毒健康虾苗，规格2厘米左右，将虾苗放在浓度为20毫克/升福尔马林液中浸浴2~3分钟后放入大塘饲养。每亩放养量为1万~1.5万尾为宜。同一池塘放养的虾苗规格要一致，一次放足。

2. 小龙虾苗种的放养

在选择小龙虾苗种时，要选择光洁亮丽、甲壳完整、肢体完整健全、无伤无病、体质健壮、个体比较均匀的虾苗，如果发现虾苗活动迟缓、脱水较严重或受伤较多，就不要选用了。尤其是从农贸市场上收购的苗种，更要警惕，一定要仔细检查其质量。放养时先用池水浸2分钟后提出片刻，再浸2分钟提出，重复三次，再用3%~4%食盐水溶液浸泡消毒3~5分钟，杀灭寄生虫和致病菌，然后缓缓地放在浅水区，任它们自行爬动。在倒虾苗时一定要注意动作要轻，速度要慢，切不可直接倒入池塘中，否则入池的苗种成活率会大大降低。

3. 混养的鱼类

在进行南美白对虾和小龙虾混养时，可适当混养一些鲢鱼、鳙鱼等中上层滤食性鱼类，以改善水质，充分利用饵料资源，而且这些混养鱼也可作为检测塘内是否缺氧的指示鱼类。鱼种规格15厘米左右，每亩放养鲢鱼、鳙鱼种50尾。

七、饲料投喂

当南美白对虾和小龙虾进入大塘后可投喂专用南美白对虾、小龙虾饲料，也可投喂自配饲料。自配饲料配方：鱼粉或鱼干粉或血粉17%、豆饼38%、麸皮30%、次粉10%，骨粉或贝壳粉3%、黏结剂2%，另外添加1‰专用多种维生素。按南美白对虾、小龙虾存塘重量的3%~5%掌握日投喂量，每天7—8时投喂日总量的1/3，剩下的在15—16时投喂，后期加喂一些压碎的鲜活螺肉、蚬肉和切碎的南瓜、土豆，作为虾的补充料。混养的鲢鱼、鳙鱼不需要单独投喂饵料。

八、加强管理

一是强化水质管理，整个养殖期间始终保持水质达到"肥、爽、活、嫩"的要求。在南美白对虾放养前期要注重培肥水质，适量施用一些基肥，培育小型浮游动物供南美白对虾和幼小的小龙虾摄食。每15~20天换一次水，每次换水1/3。高温季节及时加水或换水，使池水透明度达30~35厘米。每20天泼洒一次生石灰水，每次每亩用生石灰10千克。

二是养殖期间要坚持每天早晚巡塘一次，检查水质、溶氧、虾吃食和活动情况，经常清除敌害。

三是加强蜕壳虾的管理，通过投饲、换水等技术措施，促进小龙虾和南美白对虾群体集中蜕壳。平时在饲料中添加一些蜕壳素、中草药等，起到防病和促进蜕壳的作用。在大批虾蜕壳时严禁干扰，蜕壳后及时添加优质饲料，严防因饲料不足而引发虾之间的相互残杀。

九、捕捞

南美白对虾的收获，采用抄网、地笼、虾拖网等工具捕大留小，水温18℃以下时放水干池捕虾。

对于小龙虾可以采取每天用地笼张捕的方式，然后捕大留小，一方面可以及时回收资金，另一方面也可以减少池塘里的养殖密度，促进小龙虾更好更快地生长。

第七节 罗非鱼池生态套养小龙虾

罗非鱼是我国引进推广比较成功的淡水养殖品种之一，但由于养殖规模的迅速发展，越冬苗种的需求增大，种质退化、全雄率不高等矛盾突出地表现出来，成鱼早熟、过度繁殖使得大量低值幼鱼争夺饵料和空间，严重影响了成鱼产量、品质及养殖效益的提高。通过投放小龙虾，可以有效地控制罗非鱼幼鱼的生长，既解决了小龙虾的部分饵料问题，保证了小龙虾的生长速度，又控制了小罗非鱼的数量，加快了罗非鱼的生长速度，提高了池塘水面的养殖总产量。

一、池塘条件

由于罗非鱼喜欢生活在具有一定肥度的水体中，池塘面积过大时，水体不易培肥，而且在捕捞时也不易捕干净，所以宜选择面积相对较小的池塘，一般以8~10亩为宜，水深以1~1.5米为宜。池塘最好有缓坡，方便种植水草和小龙虾的爬行。

池塘必须建在水源充足，注排水方便的地方，水质干净无毒，有一定的肥度。每个池塘都要有独立的进排水系统，便于控制水位，池塘四周及进排水口处要设置防逃设施。

二、放养前的准备工作

1. 池塘清整与消毒

和一般的池塘处理一样，具体的清整方法和消毒措施同前文。

2. 进水

在虾种或罗非鱼鱼种投放前 20 天即可进水，水深达到 50~60 厘米。进水时可用 60 目筛绢布严格过滤。

3. 种草

投放虾种前应移植水草，使小龙虾有良好栖息环境。种好草既可以为小龙虾创造良好的栖息、蜕壳的环境，又能满足小龙虾摄食水草的需要。但是养殖罗非鱼时也不能有太多的水草，所以建议将水草种植在池塘的四周。水草培植一般可播种苦草、伊乐藻、轮叶黑藻、金鱼藻、水鳖草等。

4. 投螺

投放螺蛳一方面可以净化底质，还可以及时补充部分动物性饵料，尤其是刚繁殖出来的幼螺更是小龙虾的可口饵料。放养螺蛳的数量控制在 100 千克/亩左右就可以了，供小龙虾食用。螺蛳可以充分利用罗非鱼吃剩下的腐屑，并不需要另外管理和投喂。

5. 培肥

由于罗非鱼是喜肥鱼类，而螺蛳和小龙虾也吃浮游生物，因此在放养前需要施重肥，培育好浮游生物。每亩池塘施用发酵的猪粪和大粪 500 千克，同时施加尿素 3 千克/亩、过磷酸钙 2 千克/亩。在饲养管理阶段，可根据水色的变化及时施加追肥，一般每 10 天左右追肥一次，具体的追肥量应根据池塘水质的肥瘦而定。

三、苗种的放养

1. 罗非鱼的放养

罗非鱼的品种很多，有尼罗罗非鱼、莫桑比克罗非鱼、奥利亚罗非鱼和红色罗非鱼，以及杂交一代福寿鱼、吴郭鱼等。除了雄性化的罗非鱼之外，其他各品种成鱼池中都可以混养小龙虾。

在长江中下游地区可在 4 月中旬放养，此时水温基本稳定在 18℃左右。如果放养时间过早，池塘的水温过低，会导致罗非鱼大量死亡；而放养过迟又会造成养殖时间过短，势必影响最后出塘的规格和产量。放养规格是 4 厘米/尾，每亩放养 1 200 尾，放养时要求规格尽量整齐，体质健壮，无病无伤。放养前应采用食盐水或亚甲基蓝溶液对鱼种进行药浴消毒，防止鱼种受伤后感染水霉病或受到其他病菌的侵袭。

2. 小龙虾的放养

放养 2～3 厘米的幼虾时，每亩放 2 000 只，时间也是在春季 4 月，可采用人工繁殖或从天然水域中捕捞的苗种；也可以在秋季 8—9 月放养抱卵虾，每亩放 10 千克左右。

在苗种放养前一定要用 3% 食盐水洗浴 10 分钟，然后缓缓地放在浅水区，任它们自行爬到池塘里。

四、饲料投喂

这种养殖模式是以养殖罗非鱼为主的，饲料投喂也要先保证罗非鱼的供应。一般每天可投喂罗非鱼专用饲料两次，投喂时间分别在 8—9 时和 15—16 时，日投喂量为鱼体重的 3%～5%。当然具体的投喂量和投喂时间还要根据罗非鱼的吃食情况、水温、天气和水质灵活掌握。

小龙虾可以不必另外投喂饲料，因为池塘里有丰富的水草和充足的螺蛳，满足小龙虾的摄食需求。另外还有部分罗非鱼没有吃完的饲料也会被小龙虾摄食。

五、日常管理

一是适时开启增氧机。由于罗非鱼喜肥，所以池塘的肥度是比较高的，这种较肥的水体在夏季很容易出现缺氧。平时要做好检查工作，一旦发现池塘四周出现大量的小虾和小鱼时或者在水草上出现大量的小龙虾时，可能是水体里面缺氧了，这时就要及时开启增氧机来增加水中溶解氧，以防意外的发生。

二是加强施肥管理，经常施追肥。一般每周可施追肥一次，具体的使用量要根据水温、天气情况和水色的变化来确定。

三是水面种植适量的漂浮性水草，要有固定的位置，为小龙虾营造隐蔽、有利于捕食的环境。

四是在塘埂上要安装防逃设施，可用尼龙网网围，然后在网上加缝一条宽约 20 厘米的硬质塑料薄膜，防止小龙虾爬出养殖池而逃跑。

六、捕捞

可从 5 月开始捕捞小龙虾，根据市场需求，用地笼进行捕大留小。根据市场需求和价格来确定罗非鱼的捕捞时间，但要注意的是在温度下降到 12℃前，必须全部捕捞出池，以免在低温条件下冻伤或冻死。由于在捕捞时罗非鱼可能先会跳跃，然后潜入底泥中一动不动，这就给捕捞带来一定的困难，因此可先用网拖捕几次，最后干塘捕获罗非鱼。在捕获罗非鱼后要立即放水，让小龙虾继续吃食和生长。

第八节　小龙虾和河蟹生态混养

由于小龙虾与河蟹争食、争氧、争水草，且两者都具有自残和互残的习性，传统养殖一直把小龙虾作为蟹池的敌害生物，认为在蟹池中套养小龙虾是有一定风险的，小龙虾会残食正在蜕壳的软壳蟹。但是从养殖实践来看，养蟹池塘套养小龙虾是可行的，并不影响河蟹的成活率和生长发育。

一、池塘选择

池塘选择以养殖河蟹为主，要求水源充足，水质条件良好，池底平坦，底质以砂石或硬质土底为好，无渗漏，进排水方便。蟹池的进、排水总渠应分开，进、排水口应用双层密网防逃，同时也能有效地防止蛙卵、野杂鱼卵及幼体进入池塘危害蜕壳虾蟹。为了防止夏天雨季冲毁堤埂，可以开设一个溢水口，溢水口也用双层密网过滤，防止幼虾、幼蟹趁机顶水逃走。

对于面积 10 亩以下的河蟹池，应改平底型为环沟型或井字沟型，池塘中间要多做几条塘中埂，埂与埂间的位置交错开，埂宽 30 厘米即可，只要略微露出水面即可。对于面积 10 亩以上的河蟹池，应改平底型为交错沟型。这些池塘改造工作应结合年底清塘清淤一起进行。

二、防逃设施

无论是养殖小龙虾还是河蟹，防逃设施是必不可少的一环。防逃设施常用的有两种：一是安插高 45 厘米的硬质钙塑板作为防逃板，注意四角应做成弧形，防止小龙虾沿夹角攀爬外逃；二是采用网片和硬质塑料薄膜共同防逃，既可防止小龙虾逃逸，又可防止敌害生物进入伤害幼虾。

三、隐蔽设施

池塘中要有足够的隐蔽物，可以设置竹筒、瓦片、网片、砖块、石块、竹排、塑料筒、人工洞穴等隐蔽物体供其栖息穴居，一般每亩要设置 3 000 个以上人工巢穴。

四、池塘清整、消毒

要做好平整塘底、清整塘埂的工作，使池底和池壁有良好的保水性能，尽可能减少池水的渗漏。对旧塘进行清除淤泥、晒塘和消毒工作，可有效杀灭池中的敌害生物如鲶鱼、泥鳅、乌鳢、蛇、鼠等及一些致病菌。

五、种植水草

"蟹大小，看水草。""虾多少，看水草。"在水草多的池塘养殖河蟹和小龙虾的成活率非常高。水草是小龙虾和河蟹隐蔽、栖息、蜕皮生长的理想场所，水草也能净化水质，减小水体的肥度，对提高水体透明度、促进水环境清新有重要作用。同时，在养殖过程中，有可能发生投喂饲料不足的情况，由于河蟹和小龙虾都会摄食部分水草，因此水草也可作为河蟹和小龙虾的补充饲料。要保证蟹池中水草的种植量，水草覆盖面积要占整个池塘面积的 50%以上，这样可将河蟹和小龙虾相互之间的影响降到最低。小龙虾和河蟹最好在蟹池中水草长起来后再放入。

六、投放螺蛳

螺蛳是河蟹和小龙虾很重要的动物性饵料，在放养前必须放足鲜活的螺蛳，每亩放养量 200~400 千克。投放螺蛳一方面可以净化底质，另一方面可以补充动物性饵料，还有就是螺蛳壳可以提供一定量的钙质，能促进河蟹和小龙虾的蜕壳。

七、蟹、虾放养

石灰水消毒后，待 7~10 天水质正常后即可放苗。

蟹、虾的质量要求：一是体表光洁亮丽、肢体完整健全、无伤无病、体质健壮、生命力强；二是规格整齐，稚虾规格在 1 厘米以上，扣蟹规格在 80 只/千克左右。同一池塘放养的虾苗、蟹种规格要一致，一次放足。

一般蟹池套养小龙虾每亩放虾苗 2 000 只，在 3 月左右投放；扣蟹 600 只，在 5 月左右投放。放养量不宜过多，否则会造成养殖失败。要注意的是，蟹、虾放养前用 3%~5%食盐水浴洗 10 分钟，杀灭寄生虫和致病菌。同时可适当混养一些鲢鱼、鳙鱼等中上层滤食性鱼类，以改善水质，充分利用饵料资源，而且可作为检测塘内是否缺氧的指示鱼类。

八、合理投饵

河蟹和小龙虾一样都食性杂，且比较贪食，喜食小杂鱼、螺蛳、黄豆，也食配合饲料、豆饼、花生饼、剁碎的空心菜及低值贝类等。让河蟹和小龙虾吃饱是避免河蟹和小龙虾自相残杀和互相残杀的重要措施，因此要准确掌握池塘中河蟹和小龙虾的数量，投足饲料。饲料投喂要掌握"两头精、中间粗"的原则。在大量投喂饲料的同时要注意调控好水质，避免大量投喂饲料造成水质恶化，引起虾、蟹死亡。

九、加强管理

1. 水质管理

强化水质管理，保证溶氧充足，保持水质"肥、爽、活、嫩"。在小龙虾放养前期要注重培肥水质，适量施用一些基肥，培育小型浮游动物供小龙虾摄食。每15~20天换一次水，每次换水1/3。水质过肥时用生石灰消杀浮游生物，一般每20天泼洒一次生石灰水，每次每亩用生石灰10千克。

2. 密度控制管理

养殖期间要适时用地笼等将小龙虾捕大留小，以降低后期池塘中小龙虾的密度，保证河蟹生长。

3. 加强蜕壳虾、蟹的管理

通过投饲、换水等技术措施，促进河蟹和小龙虾群体集中蜕壳。在大批虾、蟹蜕壳时严禁干扰，蜕壳后及时添加优质饲料，严防因饲料不足而引发虾、蟹之间的相互残杀。

第九节　鳖池生态轮养小龙虾

现在许多鳖养殖场由于养殖周期或资金周转的原因，一些养殖池处于空闲状态，如果将这些池塘进行充分利用，可以有效地提高养殖效益。鳖池在建设之初设计得比较科学，原来的设施性能良好，既有防逃设施，又在池中设置了各种平台供鳖栖息、晒背，这种平台对于小龙虾而言是非常好的设施。所以，利用鳖上市后的养殖空闲期，利用这些池塘进行小龙虾的轮养，可以使池塘得到充分利用，而且池塘无须改造，可直接用来养虾。

一、清池消毒

在鳖上市后，对养殖池要进行清理消毒后方可使用。每亩需用 100 千克左右的生石灰化水后趁热彻底清池消毒，以杀灭各种残留的病原体；也可用漂白粉或漂白精进行消毒。

二、培肥

在预定投放虾苗前 10 天，将池塘里的水先全部换掉，然后每亩用 250 千克腐熟的人粪尿或猪粪泼洒，再在池塘的四角堆沤 500 千克青草或菊科植物，以培育浮游生物，供虾苗下塘时食用。

三、防逃设施的检查

养鳖的池塘一般有一套完善的防逃设施，在养殖小龙虾前要对这些防逃设施进行全面的检查，如果有破损处要及时修补或更换新的防逃设施。特别是进出水口也要检查，进出水口处需用纱网拦好，一方面可防止敌害生物进入池内危害幼虾和蜕壳虾，另一方面也能防止小龙虾通过出水口管道逃跑。

四、隐蔽场所的增设

养鳖池塘的池底都会设置大量的隐蔽场所，在养殖小龙虾时最好再放些石块、瓦片或旧轮胎、树枝、破旧网片等作为隐蔽物，这些隐蔽物对于小龙虾的躲藏、蜕壳是大有好处的。

五、水草栽培

水草既可供小龙虾摄食，同时又为虾提供了隐蔽、栖息的理想场所，也是小龙虾蜕壳的良好处所，可以减少残杀，增加成活率，所以在养殖小龙虾时水草栽培是不可忽视的一项工作。对于利用养殖鳖的空闲池塘而言，种植水草可能是最大的一个池塘改造工程了。

由于养鳖池塘大部分都是水泥池，要想在池中直接栽种水草是比较困难的，因此可以采取放草把的方法来满足小龙虾对水草的要求。方法是把水草扎成团，大小为 1 米^{2}左右，用绳子和石块固定在水底或浮在水面，每亩可放 30 处左右，每处 10 千克水草，用绳子系住，绳子另一端漂浮于水面或固定于水面。也可用草框把水花生、空心菜、水浮莲等固定在水中央。要注意的是，这种吊放的水草是不易成活的，所以过一段时间发现水草死亡糜烂时，就要及时更换新的。也可以把水花生捆成条状用石块固定在池子的周边，水花生的成活率较高，可以减少经常更换水草的麻烦。如果池塘是土池底，可以按常规方法进行水草的栽培或移植。

水草总面积要控制在池塘总面积的 1/4～1/3 为宜，不能过多，否则会覆盖住池塘使池水内部缺氧而影响小龙虾的生长。

六、放养密度

利用鳖池养殖小龙虾，每亩可投放 3 厘米左右的幼虾 1 万只。如果条件许可的话，一年可放苗 2～3 茬，只要管理到位，投喂得到保证，都可以获得很好的产量和产值。

七、饲料投喂

在投喂饲料时严格按"定质、定量、定点、定时"的技术要求进行，要保证有足够的、营养全面的饲料。晚上投饲量应占全日的 70%～80%，每次投饲以吃完为度。

一般仔虾投喂量为池中虾体总重量的 15%～25%，成虾投喂量为 5%～10%。过多会造成池水恶化；饲料不足，易造成小龙虾自相残杀。

八、水位、水质的调控

养鳖的池塘水位一般都设计得不是太深，为 1.2 米左右。对于养殖小龙虾来说已经足够了，只要平时将虾池的水位保持在 1 米以上就行。

池水应保持一定的肥度，太清澈的水不利于小龙虾的生长。养鳖池的进排水系统比较完备，要充分利用这种设施，在高温季节尽可能做到每天都适当换水，换水时间掌握在白天 13—15 时或夜晚的下半夜。其作用一来可以使池水保持恒定的温度，二来可以增加水中溶氧，对于小龙虾的生长和蜕壳具有非常重要的作用。另外，池水中定期施用生石灰，使池水 pH 值保持在 7~8，中性偏碱的水质有利于小龙虾的生长与蜕壳。

九、做好防暑降温工作

对于一些水位较浅的水泥池，夏季高温期可以在池面拉遮阳网，或在水面增放些水浮莲，池底多铺设一些隐蔽物。

十、捕捞

利用鳖池养殖小龙虾，在起捕时是非常方便的。由于池里遍布各种隐蔽物，所以不可能用网捕，一般可用笼捕，最后直接放水干塘捕捞就可以了。

第十节 小龙虾与经济水生作物的混养

我国华东、华南、西南地区有大片莲藕田、茭白田、慈姑田，这些田块离湖泊、河道、沟渠不远，有的就是由鱼塘改造而来，水源较充足，土质多为黏壤土，有机质丰富，水质肥沃，水生植物、饵料生物丰盛，水比一般稻田的水深，溶氧高，对小龙虾的生长十分有利。试验表明，小龙虾与莲藕、芡实、空心菜、马蹄、慈姑、水芹、茭白、菱角等水生经济植物进行科学混养，既可以充分利用池塘中的水体、空间、肥力、溶氧、光照、热能和生物资源等自然条件，还可将种植业与养殖业结合在一起，达到经济植物与小龙虾双丰收的目的。这是将种植业与养殖业相结合、立体开发利用的又一种好形式。但小龙虾可能会对莲藕、芡实等水生植物苗芽造成损害，要注意防范。

一、藕田藕池养殖小龙虾技术

1. 藕田的工程建设

养殖小龙虾的藕田，必须达到水源充足、水质良好、无污染、排灌方便和抗洪、抗旱能力较强等条件。池中土壤呈中性至微碱性，同时阳光要充足，光照时间要长，浮游生物繁殖要快，其中以背风向阳的藕田最好。有工业污水流入的藕田，是坚决不能用来养殖小龙虾的。

养虾藕田主要包括加固加高田埂，开挖虾沟、虾坑，修建进、排水口和防逃栅栏3项建设。

（1）加固加高田埂。饲养小龙虾的藕田，要对池埂进行一定的加高、加宽和夯实。加固后的田埂应高出水面约50厘米。用塑料薄膜或钙塑板在田埂四周修建防逃墙，最好还用塑料网布盖住田埂内坡，下部埋入土中20~30厘米，上部高出埂面70~80厘米；田埂基部加宽80~100厘米。每隔1.5米用木桩或竹竿支撑固定，网片上部内侧缝上宽30厘米左右的农用薄膜，形成"倒挂须"，以防止小龙虾攀爬外逃。

（2）开挖虾沟、虾坑。为了给小龙虾营造一个良好的生活环境，便于集中捕虾，需在藕田中开挖虾沟和虾坑。时间一般选在冬末或初春，并要求一次性建好。虾坑深50厘米，面积3~5米^2。

虾坑与虾坑之间，开挖深度为50厘米，宽度为30~40厘米的虾沟。虾沟可呈"十"字、"田"字、"井"字形等。一般小田挖成"十"字形，大田挖成"田"字形或"井"字形。整个田中的虾沟与虾坑要相连。一般每亩藕田开挖一个虾坑，面积为20~30米^2。藕田的进水口与排水口要呈对角排列，进、排水口与虾沟、虾坑相通连接。

（3）进、排水口防逃栅。进、排水口安装竹箔、铁丝网等栅栏防逃，其高度应超出田埂20厘米。进水口的防逃栅栏要朝田内安置，呈弧形或"U"形安装固定，凸面朝向水流。注、排水时，如果水中渣屑多或藕田面积大，可设双层栅栏，里层拦虾，外层拦杂物。

2. 消毒施肥

藕田消毒施肥应安排在放养虾苗前10~15天，每亩藕田用生石灰100~150千克，生石灰要化水全田泼洒。选用其他药物，对藕田和虾坑、虾沟进行彻底清田消毒也可。饲养小龙虾的藕田应以施基肥为主，每亩施有机肥1 500~2 000千克；也可以选用化肥，每亩用碳酸氢铵20千克，过磷酸钙20千克。基肥要一次施入藕田耕作层内，施够量，减少日后施追肥的量和次数。

3. 虾苗放养

藕田放养的方式类似于稻田养虾，但藕田常年有水，放养量比稻田饲养时应稍大一些。直接放养亲虾，小龙虾的亲虾直接放养在藕田内，使其自行繁殖，放养规格为20~40只/千克的小龙虾25~35千克/亩。外购虾苗，放养规格为250~600只/千克小龙虾幼虾1.5万~2.0万只/亩。

虾苗在放养前要用浓度为3%左右的食盐水浸洗消毒3~5分钟，具体时间应根据当时的天气、气温及虾苗本身的耐受程度灵活决定。采用干法运输的虾种离水时间较长，要将虾种在田水内浸泡1分钟，提起搁置2~3分钟，反复几次，虾种体表和鳃腔吸足水分后，就可以放养了。

4. 饲料投喂

藕田饲养小龙虾，投喂饲料同样要遵循"四定"的原则。投饲量根据藕田中天然饵料的多寡与小龙虾的放养密度而定。投喂饲料采取定点的办法，即在水位较浅，靠近虾沟、虾坑的区域，拔掉一部分藕叶，使其形成明水区的投饲区。投饲即在此区内进行。在投喂饲料的整个季节，遵守"开头少、中间多、后期少"的原则。

米糠、豆饼、麸皮、杂鱼、螺蚌肉、蚕蛹、蚯蚓、屠宰厂下脚料或配合饲料等都可直接投喂给小龙虾。饲料蛋白质的含量要保持在25%左右。6—9月是小龙虾生长旺期，水温适宜，一般每天投喂2~3次，时间为9—10时、日落前后或夜间，日投饲量为虾体重的5%~8%；其余季节每天可投喂一次，在日落前后皆可，或根据小龙虾的摄食情况，次日上午补喂一次，日投饲量为虾体重的1%~3%。

饲料一般投在池塘四周浅水处，小龙虾集中的地方可适当多投，以利于其摄食，养殖者检查吃食时也方便。

投喂饲料时需注意：天气晴朗时多投；高温闷热、连续阴雨天或水质过浓时少投；大批虾蜕壳时少投；蜕壳后多投。

5. 日常管理

藕田饲养小龙虾能否成功取决于管理的优劣。灌水藕田饲养小龙虾，在初期宜灌浅水，水深 10 厘米左右。随着藕和虾渐渐长大，田水要逐渐加深到 15~20 厘米，以促进藕的生长。藕田灌深水时和藕的生长旺季，由于藕田补施追肥及水面被藕叶覆盖，水体因光照不足及水质过肥常呈灰白色或深褐色，水体缺氧在后半夜尤为严重。为了维持生存，小龙虾常会借助藕茎攀到水面，利用鳃直接呼吸空气。

在小龙虾饲养过程中，要注意调控水质，采取定期加水和排出部分老水的方法，保持田水溶氧量在 4 毫克/升以上，pH 值为 7~8.5，透明度 35 厘米左右。每 15~20 天换一次水，每次换水量为池塘原水量的 1/3 左右。每 20 天泼洒一次生石灰水，每亩使用生石灰 10 千克。这可以有效改善水质，增加池水中钙离子的含量，有利于小龙虾蜕壳生长。养虾藕田主要施基肥，约占总施肥量的 70%，同时搭配适量化肥。施追肥时要看天气，气温低时多施肥，气温高时少施肥。为防止施肥对小龙虾生长造成影响，可采取先施半边、再施另外半边的方法。

6. 捕捞

可用虾笼等工具对小龙虾进行分期分批捕捞，也可一次性捕捞。一次性捕捞时，捕捞之前在虾坑、虾沟中集中投喂虾喜食的动物性饲料，同时可以采用逐渐降低水位的方法，将虾集中在虾坑、虾沟中进行捕捞。

二、小龙虾与芡实混养

芡实，又称"鸡头米"，性喜温暖，不能忍受霜冻、干旱，不能离水生存，全生育期为 180~200 天。在滨湖圩内，芡实是发展避洪农业的高产、优质、高效经济作物。它具有药用、保健的双重功效，市场销路好，发展潜力很大。安徽省天长市天野芡实经济合作社，依据该市良好的气候条件和滨湖水资源条件，从2002年开始引种，现已获得成功。

1. 池塘准备

芡实池塘底泥厚30~40厘米，面积3~5亩，平均水深1.0米。开挖好围沟、虾坑，在高温、芡实池浅灌、追肥时可为小龙虾提供藏身之地，并可在投喂时观察其吃食、活动的情况。

芡实栽种池塘要求光照好，池底平坦，池埂坚实，进排水方便，不渗漏，水源充足，水质清新。水底土壤以疏松、中等肥力的黏泥为最好。酸性大的被污染的水塘不宜栽种芡实，带沙性的溪流也不宜栽种芡实。

2. 防逃设施

防逃设施简单，把硬质塑料薄膜埋入土中20厘米，露出土上50厘米即可。

3. 施肥

栽种芡实前的10~15天，要撒施发酵鸡粪等有机肥，每亩用600~800千克，耕翻耙平。然后用生石灰消毒，每亩用生石灰90~100千克。8月盛花期追施磷酸二氢钾3~4次，可促进植株健壮生长。可用带细孔的塑料薄膜小袋装20克左右的速效性磷肥，施入泥下10~15厘米处，每次追肥还要注意位置的变换。

4. 芡实栽培

（1）种子播种。芡实春秋两季均可播种，9—10月最为适宜，一定要适时播种。播种时，把新鲜饱满的种子撒在泥土稍干的塘内即可。3—4月，春播种子不易均匀撒播，因为此时春雨多，池塘水易满。解决的方法为用湿润的泥土捏成小土团，每团掺入3~4粒芡实种子，按瘦塘130~170厘米，肥塘200厘米的距离投入一个土团。这样种子随着土团沉入水底，便可长出苗来。

（2）幼芽移栽。通常往年种过芡实的地方，来年不用再播种。因为芡实的果实成熟后会自然裂开，部分种子会散落塘内，来年便可萌芽生长。当叶浮出水面，直径为 15~20 厘米时便可移栽。移栽时连苗带泥取出，栽入池塘中，盖好泥土，使生长点露出泥面，根系自然舒展开，叶子漂浮在水面。以后随着苗的生长要逐步加水。

5. 水位调节

池塘的管理主要根据池水深浅来调节温度。芡实入池 10 余天到明芽期，水深应保持在 40 厘米左右；随着分枝的旺盛生长，水深逐渐加到 120 厘米；采收前 1 个月，水深又重新降低，降至 50 厘米。

6. 小龙虾的放养与投饵

在芡实池中放养小龙虾，放养时间、放养技巧、常规养殖等都是有规律可循的。一般放虾种要在芡实成活且长出第一片新叶后。为了提高小龙虾饲养的商品率，投放体长 2.5 厘米左右的小龙虾比较好，每亩投放 1 500 只。虾种下塘前用 3% 食盐水浸泡 5~10 分钟，同时每亩需搭配投放一些鱼类苗种，如鲫鱼种 10 尾、鳙鱼种 20 尾，规格为每尾 20 克左右。草食性鱼类则不宜混养（如草鱼、鲂）。

一般在虾种下塘后第 3 天开始投喂。把投饵点选在合适的虾坑，每天投喂两次，分别为 7—8 时和 16—17 时。日投喂量为虾总体重 3% 左右，具体投喂数量根据天气、水质、虾吃食和活动情况还要有所变化。饲料一般为自制配合饲料，其主要成分包括豆粕、麦麸、玉米、血粉、鱼粉、饲料添加剂等，其中的粗蛋白质含量为 30%，直径为 2~5 毫米，饲料为浮性。饲料应定点投在饲料台上。

7. 注水

芡实幼苗浮出水面以后，要及时调节株行距。如果幼苗过密，就要拔掉一些，移往缺苗的地方。芡实的生长发育时期是不同的，对水分的要求自然也不同。因此田间管理的关键是调节水量。调节水量一般按照"春浅、夏深、秋放、冬蓄"的原则。春季水浅，阳光照射进来，可提高土温，利于幼苗生长；夏季水深，可促进叶柄伸长，6月初水位升高到1.2~1.5米；秋季则要适当放水，能促进果实成熟；冬季蓄水可以使种子在水底安全过冬。尤其须注意的是，在不同时期注水时，一定要兼顾小龙虾的需水要求。

8. 防病

防病主要是针对芡实，其主要病害是霜霉病。可使用500倍代森锌液或代森铵粉剂。对于芡实的主要虫害蚜虫，可用40%乐果1 000倍液喷杀。

三、小龙虾与茭白混养

1. 池塘选择

种植茭白、养虾应选择水源充足、无污染、排污方便、保水力强、耕层深厚、肥力中上等、面积在1亩以上的池塘。

2. 虾坑修建

沿埂内四周开挖宽1.5~2.0米、深0.5~0.8米的环形虾坑，较大池塘的中间还要适当开挖中间沟，中间沟宽0.5~1米，深0.5米。环形虾坑和中间沟内应投放适量草堆，草堆由轮叶黑藻、眼子菜、苦草、菹草等沉水性植物组成。塘边角还可用竹子固定扶植少量漂浮性植物（如水葫芦、浮萍等）。虾坑开挖的时间为冬春季节，茭白移栽结束后进行。总面积占池塘总面积的8%，每个虾坑面积最大不超过200米²。可均匀地多开挖几个虾坑，开挖深度为1.2~1.5米，位置选择在池塘中部或进水口处，虾坑的其中一边靠近池埂，以便于投喂和管理。开挖虾坑主要是为了在施用化肥、喷打农药时，让小龙虾有一个集中避害的地方；夏季水温较高时，小龙虾也可在虾坑中避暑；方便定点在虾坑中投喂饲料；便于检查小龙虾的摄食、活动及虾病情况；虾坑也可用来防旱、蓄水。在放养小龙虾前，要在池塘进排水口安装网拦设施。

3. 防逃设施

防逃设施很简单，把硬质塑料薄膜埋入土中20厘米，露出土上 50 厘米即可。

4. 施肥

每年 2—3 月种茭白前要施加底肥，可用腐熟的猪、牛粪和绿肥 1 500 千克/亩，钙镁磷肥 20 千克/亩，复合肥 30 千克/亩。翻入土层内，耙平耙细，肥泥整合一下，即可移栽茭白苗。

5. 选好茭白种苗

在 9 月中旬至 10 月初，秋茭采收时进行选种，以浙茭 2 号、浙茭 911、浙茭 991、大苗茭、软尾茭、中介壳、一点红、象牙茭、寒头茭、梭子茭、小腊茭、中腊台、两头早为主。选择植株健壮、高度中等、茎秆扁平、纯度高的优质茭株作为留种株。

6. 适时移栽茭白

种植茭白一般用无性繁殖的方法，长江流域在 4—5 月选择种株，生长整齐和茭白粗壮、洁白以及分蘖多的植株会被选中。用根茎分蘖苗切墩移栽，母墩萌芽高 33~40 厘米、茭白有 3~4 片真叶时将茭墩挖起，用利刃顺分蘖处劈开成数小墩，每墩带匍匐茎和健壮分蘖芽 4~6 个，将叶片剪去，保留下的叶鞘长 16~26 厘米。这时要减少蒸发，以利于提早成活，随挖、随分、随栽。株的行距按栽植时期和采收次数而定。双季茭采用大小行种植，大行行距 1 米，小行 80 厘米，穴距 50~65 厘米，每亩 1 000~1 200 穴，每穴 6~7 苗。栽植方式以 45°角斜插最好，根茎和分蘖基部要入土，分蘖苗芽稍露出水面。定植 3~4 天后检查一次，栽植过深的苗稍将其提高一些，栽植过浅的苗宜再压下一些，一定要做好补苗工作，确保全苗。

7. 放养小龙虾

要在茭白苗移栽前 10 天对虾坑进行消毒处理。新建的虾坑放虾时，先用清水浸泡 7~10 天，再换新水继续浸泡 7 天，每亩可放养 2~3 厘米的小龙虾幼虾 5 000~10 000 只。幼虾投放区应选在浅水及水葫芦浮植区。在虾种投放前为防虾病的发生，可用 3%~5% 的食盐水浸浴虾种 5 分钟。

8. 科学管理

（1）水质管理。茭白池塘的水位可根据茭白生长发育的特性灵活掌握。萌芽前灌浅水 30 厘米，以提高土温，促进萌发；栽后为促进成活，保持水深 50~80 厘米；分蘖前仍宜保持浅水 80 厘米，促进分蘖和发根；至分蘖后期，水深加至 100~120 厘米，控制无效分蘖。7—8 月高温期，宜保持水深 130~150 厘米，并做到经常换水降温，这样可以减少病虫害，雨季宜注意排水。每次追肥前后几天，需放干或保持浅水，等肥被吸收入土后，再恢复到原来的水位。每半个月沿田边环形沟和田间沟一次投放多点水草。

（2）科学投喂。投喂小龙虾可以是自制混合饲料或购买的虾类专用饲料。也可投喂一些动物性饲料，如螺蚌肉、鱼肉、蚯蚓或捞取的枝角类、桡足类、动物屠宰厂的下脚料等，沿田边四周浅水区定点多点投喂。投喂量一般为虾体重的 5%~10%，采取"四定"投喂法，傍晚投料要占全日量的 70%。每天投喂两次，8—9 时一次，18—19 时一次。

（3）科学施肥。由于茭白植株高大，需肥量大，应重施有机肥作为基肥。基肥常用人畜粪、绿肥。追肥多用化肥，宜少量多次，可选用尿素、复合肥、钾肥等，禁止使用碳酸氢铵；有机肥应占总肥量的 70%；基肥在茭白移植前深施；追肥时应采用"重、轻、重"的原则。具体施肥分 4 个步骤：①在栽植后 10 天左右，茭株长出新根成活时，施第一次追肥，每亩施人粪尿肥 500 千克，称为提苗肥；②第二次在分蘖初期，每亩施人粪尿肥 1 000 千克，以促进其生长和分蘖，称为分蘖肥；③第三次追肥在分蘖盛期，如果植株长势较弱可适当追施尿素，每亩 5~10 千克，称为调节肥，如植株长势旺盛可免施追肥；④第四次追肥在孕茭始期，每亩施腐熟粪肥 1 500~2 000 千克，称为催茭肥。

（4）茭白用药时，应对症选用高效低毒、低残留、对混养的小龙虾没有影响的农药，如杀虫双、叶蝉散、乐果、美曲磷酯、井冈霉素、多菌灵等。除草剂及毒性较大的呋喃丹、杀螟松、三唑磷、毒杀芬、波尔多液、五氯酚钠等禁用，也应慎用稻瘟净、马拉硫磷。一般粉剂农药在露水未干前使用，水剂农药在露水干后喷洒。严禁在中午高温时喷药，施药后必须及时换注新水。

孕茭期常见的虫害有大螟、二化螟、长绿飞虱等。养殖者应在害虫的幼龄期，用50%杀螟松乳油100克加水，每亩泼浇75～100千克。或用90%美曲磷酯和40%乐果1 000倍液在剥除老叶后，逐棵用药灌心。立秋后会发生蚜虫、叶蝉和蓟马等虫害，可用40%乐果乳剂1 000倍液、10%叶蝉散可湿性粉剂200～300克加水，每亩喷洒50～75千克。茭白锈病可用1∶800倍敌锈钠喷洒，效果良好。

9. 茭白采收

按采收季节，茭白可分为一熟茭和两熟茭。一熟茭又称单季茭，孕茭时间要等到秋季日照变短后，每年只在秋季采收一次。春种的一熟茭栽培时间早，每墩苗数多，采收期也早，一般在8月下旬至9月下旬采收。夏种的一熟茭一般在9月下旬开始采收，11月下旬结束采收。茭白成熟采收的标准是：随着基部老叶的逐渐枯黄，心叶逐渐缩短，叶色转淡，假垄中部逐渐膨大和变扁，叶鞘被挤向左右。当假茎露出1～2厘米的称为"露白"的茭肉时，采收最为适宜。夏茭孕茭时气温较高，假茎膨大速度较快，从开始孕茭至可采收一般7～10天即可完成；秋茭孕茭时气温较低，假茎膨大速度较慢，从开始孕茭至可采收，一般需要14～18天。不同的品种孕茭至采收期所经历的时间也不同。茭白采取分批采收，一般每隔3～4天采收一次，每次采收都要将老叶剥掉。茭白采收后，应该用手把墩内的烂泥培到植株茎部，这样既可以促进分蘖和生长，又可以使茭白幼嫩而洁白。

10. 小龙虾收获

5月开始，可用地笼、虾笼对小龙虾进行捕捞。方法为将地笼固定放置在茭白塘中，每天早晨将进入地笼的小龙虾收取上市即可。至6月底，可放干茭白塘的水，彻底捕捞小龙虾。有条件的，实行小龙虾的两季饲养。

四、小龙虾与菱角混养

菱角的别称为菱、水粟等，属一年生浮叶水生草本植物。菱肉含淀粉、蛋白质、脂肪等。嫩果可生食；老熟果含淀粉多，可以熟食或加工制成菱粉。菱角收获后，菱盘可作为饲料或肥料使用。

1. 菱塘的选择和建设

选择菱塘时要看是否满足地势低洼、水源条件好、灌排方便等条件。一般以5~10亩的菱塘为宜。水深不超过150厘米、风浪不大、底土松软肥沃的河湾、湖荡、沟渠、池塘最适宜种植菱角。

2. 菱角的品种选择

菱角的品种很多，有四角菱、两角菱、无角菱等。根据外皮的颜色，可分青菱、红菱、淡红菱3种。馄饨菱、小白菱、水红菱、沙角菱、大青菱、邵伯菱等都属于四角菱。扒菱、蝙蝠菱、五月菱、七月菱等属于两角菱。无角菱则只有南湖菱一种。种植品种最好选择果大、肉质鲜嫩的水红菱、南湖菱、大青菱等。

3. 菱角栽培

（1）直播栽培菱角。在2米以内的浅水中种菱，一般多采用直播。当气温在12℃以上且比较稳定时播种，如长江流域，适合在清明前后7天内播种；北京、天津地区，可在谷雨前后播种。播种前要先催芽，芽长不要超过1.5厘米。播时还要先清池，把野菱、水草、青苔等清除掉。播种方式最好选择条播，播种时根据菱池地形，将其划成纵行，行距2.6~3米，每亩用种达20~25千克。

（2）育苗移栽菱角。直播出苗在水深3~5米的地方比较困难。即便出苗，苗也纤细瘦弱，产量不高。此时育苗移栽是一个很好的方法。苗地选在向阳、水位浅、土质肥、排灌方便的池塘，实施条播。育苗时，将种菱放在5~6厘米的浅水池中，5~7天换一次水，利用阳光保温催芽。发芽后将其移到繁殖田。茎叶长满后就可以进行幼苗定植，一束8~10株菱盘，用草绳扎好，用长柄铁叉住菱束绳头，栽植到水底泥土中。按株行距1米×2米或1.3米×1.3米定穴，每穴种 3~4 株苗，栽植密度要适宜。

4. 小龙虾的放养

在菱塘里放养小龙虾，与茭白塘放养小龙虾的方法基本上是一样的。在菱塘苗移栽前 10 天要对池塘进行消毒。在虾种投放时，用 3%~5%的食盐水浸浴虾种 5 分钟，以防发生虾病。同时配养其他鱼类，如 15 厘米长的鲢鱼、鳙鱼，或 7~10 厘米长的鲫鱼 30 尾。

5. 菱角塘的日常管理

在菱角和小龙虾的生长过程中，菱塘管理要着重做好以下几个方面的工作。

（1）建菱垄。直播的菱苗出水后，或菱苗移栽后，要立即建菱垄。目的是防止风浪冲击和杂草漂入菱群。具体方法为在菱塘外围打下木桩。木桩长度依据水的深浅而定，一般要求入土 30~60 厘米，出水 1 米，木桩之间围捆草绳，绳的直径为 1.5 厘米，绳上系水花生，每隔 33 厘米系一段。

（2）除杂草。菱塘中的槐叶萍、水鳖草、水绵、野菱等要及时清除。由于菱角对除草剂敏感，必要时可进行手工除草。

（3）水质管理。移栽前要清除杂草水苔，捕捞草食性鱼类，对水域进行清理。为提高产品质量，灌溉水一定要清洁无污染。生长过程中水层不应变化过大，否则分枝成苗率会受到影响。移栽后一直到 6 月底，保持水深在 20~30 厘米，增温促蘖，每 15 天换一次新水。7 月后气温逐步升高，菱塘水深也应逐步增加到 45~50 厘米。在盛夏可将水逐渐加深到 1.5 米，最深不要超过 2 米。采收时为方便操作，应降低水深，一般降至 35 厘米左右。7 月开始，每隔 7 天必须换一次水，保证菱塘的水质清洁。红菱开花至幼果期，更要注意水质。

（4）施肥。栽后 15 天左右，菱苗基本成活。每亩撒施可提苗的尿素 5 千克，1 个月后猛施促早开花的磷酸氢二铵，每亩施 10 千克，争取前期产量。初花期可在叶面喷施磷、钾肥。方法是在 50 千克水中加 0.5~1 千克过磷酸钙和草木灰。浸泡一夜后，取出澄清液，每隔 7 天喷一次，共喷 2~3 次。一般在 8—9 时和

16—17时喷肥最好。等全田90%以上的菱盘都结出3~4个果角时，再施入三元复合肥15千克，这称为结果肥。以后每采摘1次即施入复合肥10千克左右，连施3次，防止早衰。

（5）病虫害防治。菱叶甲、菱金花虫等是菱角面临的主要虫害。初夏雾雨天后，虫害增加更多，农药防治一般用80%杀虫单400倍液、18%杀虫双500倍液。如果发现蚜虫，可用10%吡虫啉2 000倍液进行喷杀。

菱角的病害主要是菱瘟、白烂病等。这些病害在闷热湿度大的时候最易发生。防治方法为：①农业防治，即勤换水，保持水质清洁，在初发时，及时摘除、晒干烧毁或深埋病叶；②化学防治，发病时，用50%甲基硫菌灵1 000倍液或50%多菌灵600~800倍液喷雾，从始花期开始，每隔7天喷一次，连喷2~3次。

（6）加强投喂。根据季节的不同辅喂精料，如菜饼、豆渣、麦麸皮、米糠、蚯蚓、蝇蛆、颗粒料和其他水生动物等。也可投喂自制混合饲料或购买的虾饲料。投喂时要定时定量。投喂量一般为虾体重的5%~10%，采取"四定"的投喂法，傍晚投料占全日投喂量的70%。

6. 菱角采收

菱角采收从处暑、白露开始，一直到霜降结束。每隔5~7天采收一次，共采收6~7次。采菱时，要以"三轻"和"三防"为原则。"三轻"是指提盘要轻，摘菱要轻，放盘要轻。"三防"是指一防猛拉菱盘，使植株受伤，老菱落水；二防采菱速度不一，漏采老菱，老菱被船挤落水中；三防老嫩一起采。总的原则是老嫩分清，要将老菱采摘干净。

五、小龙虾与菱角、河蚌混养

小龙虾与菱角、河蚌混养，方式和小龙虾与菱角混养基本一致，不同点是河蚌的投放。一般根据目的的不同投放模式有所差异。如果为了吊挂珍珠，可投放褶纹冠蚌、三角帆蚌或日本池蝶蚌，投放时密度稀一点，每亩投放1 000只；如果为了在春节前后为市场提供菜蚌，或为小龙虾提供动物性饵料，最好投放已经发育的亲蚌或大一点的种蚌，每亩可投放 300~400 千克。

六、水芹田养殖小龙虾

用水芹田生态养殖小龙虾是一种新的养殖模式。8 月之前在池塘养殖小龙虾，8 月至翌年 2 月种植水芹，种养结合。利用小龙虾和水芹生长高峰期的时间差，在小龙虾生长的非高峰期种植水芹，一是可以利用水芹吸肥能力强的特点，板结淤泥，减少池塘有机质；二是利用水芹生长期留下的残叶，提供优越的条件以便小龙虾越冬和生长。水芹一般在春节前后上市销售，很大程度上提高了池塘的经济效益。目前，这种养殖模式正受到越来越多的养殖户青睐。

1. 水芹种植

（1）整地与施肥。先要排干田水，每亩施入腐熟的有机肥 1 500~2 000 千克。耕翻土壤，深耕 10~15 厘米；旋耕碎土，精细耙平，使田面达到光、平、湿润的效果。

（2）催芽与排种。通常在 8 月上旬，日均气温达到 27~28℃ 时，开始催芽。从留种田中将母茎连根拔起，理齐茎部，除去杂物。用稻草捆成直径为 12~15 厘米的小束，剪除无芽或只有细小芽的顶梢。将捆好的母茎交叉堆放于接近水源的阴凉处，堆底先垫一层稻草或用硬质材料架空，通常垫高 10 厘米，堆高和直径不超过 2 米，堆顶盖稻草。每天早晚洒浇凉水一次，降温保湿，保持堆内温度 20~25℃，促进母茎各节叶腋中休眠芽萌发。每隔 5~7 天，上午凉爽时翻堆一次，冲洗去烂叶残屑。种株 80% 以上腋芽萌发长度为 1~2 厘米时，即可排种。

排种时间一般安排在 8 月中下旬，阴天或晴天 16 时以后进行。将母茎基部朝外，梢头朝内，沿大田四周进行环形排放，整齐排放 1~2 圈后，进入田间排种，茎间距 5~6 厘米。母茎基部和梢部相间排放，并拿少量淤泥压住。

（3）水肥管理。移植时如果田面保持无水状态，可利于水芹苗扎根。25 天后可逐渐加水，但高度要低于水芹栽种的高度。水位管理分 3 个阶段。①萌芽生长阶段。排种后日均气温仍在 24～25℃，最高气温达 30℃以上，田间保持湿润而没有水层。如果遇到暴雨，应及时抢排积水。排种后 15～20 天，当大多数母茎腋芽萌生的新苗已生出新根并放出新叶时，排水搁田 1～2 天，以使土壤稍干或出现细丝裂纹。搁田后还须复水，灌浅水 3～4 厘米。②旺盛生长阶段。随植株的生长要逐步加深水层，使田间水位保持在植株上部 3 厘米左右，有 3 张叶片露出水面，这将有利于正常生长。③生长停滞阶段。当冬季气温降至 0℃以下时，要灌入深水，以水灌至植株全部没顶为宜。气温回升后立即排水，仍要保持部分叶片露出水面的状态。与此同时要搞好追施肥料工作。搁田复水后施好苗肥，一般每亩施放 25%复合肥 10 千克，或腐熟粪肥 1 000 千克。以后按照苗的生长情况追肥 1～2 次，每次用尿素 3～5 千克/亩。

（4）定苗除草。植株高度达到 5～6 厘米时，即可进行匀苗和定苗。定苗的株间距保持在 4～5 厘米，同时清杂草。

（5）病虫害防治。斑枯病以及蚜虫、飞虱、斜纹夜蛾等是水芹面临的主要病虫害。预防斑枯病采用搁田、匀苗、氮磷钾配合施肥等较为有效。采用灌水漫虫法可除蚜虫，即灌深水到植株全面没顶，用竹竿将漂浮在水面的蚜虫及杂草围赶到出水口，清出田外。整个灌、排水过程，只需 3～4 个小时。根据查测病虫害发生的情况，选用合适的药物，采用喷雾方法进行防治。

（6）采收。水芹栽植后 80～90 天，即可陆续采收，直至翌年 1—2 月采完为止。采收时将植株连根拔起，用清水把污泥冲洗干净，黄叶和须根要剔除掉，并切除根部，理整齐捆扎好，鲜菜装运即可上市。水芹收割时，留下 30～50 厘米沿池（田）边的水芹，可作为小龙虾的防护草墙和栖息隐蔽场所。

2. 水芹田改造工程

在水芹田四周要开挖环沟和中央沟，沟宽 1～2 米，沟深 50～60 厘米。开挖的泥土可用以加固池（田）埂，池埂高 1.5 米，压实夯牢，直到不渗不漏为止。水源充足，溶氧 5 毫克/升以上，pH 值为 7.0~8.5。排灌方便，进、排水分开。用铁丝、聚乙烯双层密眼网把进排水口扎牢封好，否则，虾会发生逃逸现象，敌害生物也会侵入虾池。同时，要配备水泵、增氧机等机械设备，每 5 亩配备 1.5 千瓦的增氧机一台。

3. 放养前准备

（1）清池消毒。虾池水深 10 厘米，每亩用 15~20 千克的茶粕清池消毒。

（2）水草种植。可选择的水草品种有苦草、轮叶黑藻、马来眼子菜、伊乐藻等沉水植物，也可用水花生或水蕹菜（空心菜）等水生植物。水草种植面积占虾池总面积的 30%。

（3）施肥培水。虾苗放养前的 7 天，每亩可施腐熟有机肥如鸡粪 150 千克，来培育浮游生物。

4. 虾苗放养

苗种繁育池的改造、水芹防护草墙的构建、水草的移植等手段为小龙虾营造了良好的苗种生态环境。按照小龙虾的交配繁殖习性，秋季雌雄亲虾按照 1.5∶1 的比例放养 40 千克/亩左右，经过强化培育，入冬前适当降低繁育池水位，到开春后即可适时放水繁育苗种，每亩产幼虾预计达 20 万只。4—5 月，每亩放养规格为 250~600 只/千克的幼虾 1.5 万~2 万只。选择晴朗天气放养。放养前先取池水试养虾苗，同时虾苗放养时温差应小于 2℃。

5. 饲养管理

（1）饲料投喂。绞碎的米糠、豆饼、麸皮、杂鱼、螺蚌肉、蚕蛹、蚯蚓、屠宰厂下脚料或配合饲料等都可作为小龙虾的饲料使用。实际生产中，根据小龙虾不同的生长阶段投喂不同的产品，保证饲料的营养与适口性，坚持"四定""四看"的投饵原则。日投喂量为虾体重的 3%~5%，分两次投喂。8 时的投饲量占日投喂量的 30%，17 时投饲量占 70%。

（2）水质调控。①养殖池水。养殖前期（4—5 月），水体要保持一定肥度。水的透明度控制在 25~30 厘米。中后期（6—8月）应加换新水，如果水质老化会使水中溶氧不足，透明度控制在 30~40 厘米，溶解氧保持在 4 毫克/升以上，pH 值在 7.0~8.5。②注换新水。养殖前期无须换水，每 7~10 天加注新水一次，每次换水量为 10~20 厘米；中后期每 15~20 天注换新水一次，每次换水量 15~20 厘米。

（3）日常管理。每天早、晚各巡塘一次，观察水色变化、虾的活动和摄食情况；检查池埂有无渗漏，防逃设施完好与否。生长期间，一般每天凌晨和中午各开一次增氧机，每次 1~2 小时，当遇到雨天或气压低的情况，要适当延长开机时间。

6. 病害防治

以"以防为主、综合防治"为原则，如发现小龙虾患有疾病，应对症下药，及时治疗。

7. 捕捞收获

7 月底至 8 月初，在环沟、中央沟设置地笼捕捞。还有一种方法是在出水口设置网袋，排水捕捞，最后排干田水进行小龙虾的捕捉。捕捞的小龙虾可以分规格及时上市或作为虾种出售。

七、小龙虾与慈姑混养

慈姑原产于我国东南地区，也称剪刀草、燕尾草，喜温暖的水温，现南方各省均有栽培，以珠江三角洲及太湖沿岸最多。慈姑既是一种蔬菜，也是水生动物的好饲料。它的种植时间和小龙虾的养殖时间同步，作用与水草相同。二者在生态效益上也是互惠互利的。在许多慈姑种植地区，慈姑和小龙虾混养的模式，已开始成为当地主要的种养方式之一，效果明显。

1. 慈姑栽培季节

慈姑的育苗时间一般在 3 月，苗期 40~50 天。6 月假植，8 月定植，定植时期为寒露至霜降，12 月至翌年 2 月可以采收。

2. 慈姑品种的选择

生产中一般选用早熟、高产、质优的慈姑品种，如青紫皮或黄白皮等。主要有广东白肉慈姑、沙姑；浙江海盐沈荡慈姑；江苏宝应刮老乌（又称紫圆）、苏州黄（又称白衣）；广西桂林白慈姑、梧州慈姑等。

3. 慈姑田的处理

慈姑田以 5 亩为宜，确保水源充足，排灌方便，进排水分开，可用 60 目的网布将进排水口扎好，否则会有小龙虾从水口逃逸，外源性敌害生物也会趁此侵入。水田耕作层为 20～40 厘米，土壤软烂、疏松、肥沃，含有机质多的田地。田地以长方形最好，供小龙虾打洞的田埂较多。按稻田养殖方式在田块周围开挖环沟和中央沟，沟宽 1.5 米，深 75 厘米。开挖的泥土可用于加固池埂，主要作用则是放在离沟 5 米左右的田地中，做成一条条小埂，埂宽 30 厘米，长度不限。除了小埂外，田内其他部位要平整，以方便慈姑种植，溶氧量要保持在 5 毫克/升。

4. 培育壮苗

慈姑以球茎繁殖，各地都可育苗移栽。按利用球茎部位不同，可分为以球茎顶芽繁殖和以整个球茎育苗两种。生产上一般都是利用整个球茎或球茎上的顶芽进行繁殖。无论哪种繁殖方法，都要选用成熟、肥大端正、具有本品种特性、顶芽粗短而弯曲的球茎作种。

3 月中旬，可选择背风向阳的田块作育苗床，每亩施腐熟厩肥 1 000 千克作基肥，将其耙平，按东西向建成宽 1 米的高畦，浇水使床土湿润。

取出留种球茎的顶芽，用窝席卷好，或放入箩筐内，上面覆盖湿稻草，干时洒点水，晴天置于阳光下取暖，温度保持在 15℃以上，经 12 天左右出芽后，即可用来播芽育苗。4 月中旬播种育苗。选用球茎较大、顶芽粗细在 0.5 厘米以上的作种，将顶芽稍带球茎切下，栽于秧田，插播规格可取 10 厘米×10 厘米，此时要将芽的 1/3 或 1/2 插入土中，以免秧苗浮起。插顶芽后水深保持 2~4 厘米，10~15 天后开始发芽生根。顶芽发芽生根后长成幼苗，在幼苗长出 2~3 片叶时，适当追施稀薄腐熟人粪尿或化肥 1~2 次，促使姑苗生长健壮整齐。40~50 天后，具有 3~4 片真叶、苗高 26~30 厘米时，就可移栽定植到大田了。每亩用顶芽 10 千克，可供 15 亩大田栽插。

5. 定植

应选择在水质洁净、无污染源、排灌方便、富含有机质的黏壤土水田种植，深翻约 20 厘米，每亩施腐熟的有机肥 1 500 千克，并配合草木灰 100 千克、过磷酸钙 25 千克为基肥，翻耕耙平，灌浅水后即可种植。按株行距 40 厘米×50 厘米、每亩 4 000~5 000 株的要求定植。栽植前将秧苗连根拔起，保留中心嫩叶 2~3 片，摘除外围叶片，仅留叶柄，以免种苗栽下后头重脚轻，遇到风雨浮于水面。栽时用手捏住顶芽基部，将秧苗根部插入土中约 10 厘米，顶芽必须向上，只要使顶芽刚刚稳入土中就行，过深则会导致发育不良，过浅易因风吹而摇动，将根旁空隙填平，并保持 3 厘米水深。同时在田边栽植预备苗，以备补缺之用。

6. 肥水管理

养小龙虾的慈姑田，生长期以保持浅水层 20 厘米为宜，既防干旱时茎叶落黄，又能尽可能地满足小龙虾的生长需求。水位调控以"浅—深—浅"为原则。前期苗小，应灌浅水 5 厘米左右；中期生长旺盛，应适当灌深水至 30 厘米，并注意勤换清凉、新鲜的水，以降温防病；后期气温逐渐下降，匍匐茎又大量抽生，是结姑期，应维持田面 5 厘米的浅水层，有利于结慈姑。

慈姑施肥时以基肥为主，追肥为辅。追肥根据植株生长情况而定，前期以氮肥为主，促进茎叶生长；后期增施磷、钾肥，利于球茎膨大。一般在定植后 10 天左右，可追施第一次肥，每田施腐熟人类尿 500 千克，或每亩施尿素 7 千克，在距离植株 10 厘米处点施，或点施 45% 三元复合肥，生长可更快。播植后 20 天结合中耕除草，在植后 40 天进行第二次追肥，每亩施腐熟人粪尿 400 千克，或每亩撒施尿素 10 千克、草木灰 100 千克，或花生麸 70 千克，以促株叶青绿、球茎膨大。第三次追肥在立冬至小雪前施下，称为"壮尾肥"，可促进慈姑快速结球茎。每亩施腐熟人粪尿 400 千克，或尿素 8 千克、硫酸钾 16 千克，或 45%三元复合肥 35 千克。第四次在霜降前重施"壮姑肥"，每亩用尿粪 10 千克和硫酸钾 25 千克混匀施下，或施 45%三元复合肥 50 千克。此次追肥要快，不要拖延，施得太迟会导致后期生长缓慢，达不到"壮姑"效果。

7. 除草、剥叶、圈根、压顶芽头

从慈姑栽植至霜降前，要耘田、除杂草 2~3 次。在耘田除草时，要进行剥叶（即剥除植株外围的黄叶，只留中心绿叶 5~6 片），以改善通风透光条件，减少病虫害发生。

圈根的具体做法为在霜降前后 3 天，在距植株 6~9 厘米处，用刀或用手插入土中 10 厘米，转割一圈，把老根和匍匐茎割断。目的是使养分集中，促进新匍匐茎的生长，促使球茎膨大，提高产量和质量。

种植过迟的慈姑不宜圈根，应用压顶芽头的方式。压头一般在 10 月下旬霜降前后，把伸出泥面的分株幼苗，用手斜压入泥中 10 厘米深处，以压制地上部分生长，促地下部分膨大成大球茎。

8. 小龙虾放养前的准备工作

（1）清池消毒。方法与剂量和"第四章第一节池塘养殖小龙虾"一致。

（2）防逃设施。安置防逃设施对于养殖小龙虾是必不可少的。下雨天或其他原因会导致小龙虾逃逸。防逃设施要在放虾前两天做好，材料多种多样，可以就地取材。最经济实用的是把 60 厘米的纱窗埋在埂上，入土 15 厘米，在纱窗上端缝一块宽 30 厘米的硬质塑料薄膜。

（3）水草种植。有慈姑的区域不需要种植水草。但是在环沟里，就需要种植水草。这些水草可以帮助小龙虾度过盛夏高温季节。优选的水草品种包括轮叶黑藻、马来眼子菜和光叶眼子菜，其次为苦草和伊乐藻，水花生和空心菜也可以。种植水草的面积应占整个环沟面积的 40% 左右。

（4）放肥培水。在小龙虾放养前一周左右，可在虾沟内每亩施加经腐熟的有机肥 200 千克，以培育供小龙虾摄食的浮游生物。

9. 虾苗放养

虾农在慈姑田里放养小龙虾，7 月底至 9 月初就可以放养抱卵小龙虾。

10. 饲养管理

（1）饲料投喂。小龙虾养殖期间，除可利用慈姑的老叶、浮游生物和部分水草外，还要投喂一些饲料，具体的投喂种类和投喂方法参见前文。

（2）池水调节。抱卵亲虾入池后，不要轻易改变水位，任其打洞穴居，所有事宜按慈姑的管理方式进行调节。为了促进小龙虾蜕壳生长并保持水质清新，必须定期加注新水。翌年 4—5 月，水位应控制在 50 厘米左右。这期间每 10 天注冲一次水，每次 10~20 厘米。6 月以后则要经常换水或冲水，防止水质老化或恶化，水的 pH 值保持在 6.8~8.4。

（3）生石灰化水泼洒。为了有效地促进小龙虾蜕壳，每半月可用生石灰化水泼洒一次，每次用生石灰的量为 15 千克/亩。

（4）加强日常管理。小龙虾生长期间，养殖者必须每天坚持巡塘，早、晚各一次，主要是观察小龙虾的生长情况以及检查防逃设施，看看池埂有无因小龙虾打洞造成的漏水情况。

11. 病害防治

小龙虾病害防治的首要任务为预防敌害，如水蛇、鼠、鸟等。其次，发现疾病或水质恶化时要及时处理。

另外，因为慈姑是小龙虾的饲料，所以也应保证慈姑的健康生长。慈姑的病害主要是黑粉病和斑纹病。发病初期，黑粉病的解决办法为用 25% 的粉锈宁对水 1 000 倍或 25% 的多菌灵对水 500 倍交替防治。斑纹病的解决办法为用 50% 代森锰锌对水 500 倍或 70% 的甲基硫菌灵对水 800~1 000 倍交替防治。

第七章　小龙虾捕捞与运输

第一节　小龙虾捕捞

一、小龙虾的捕捞时间

小龙虾生长速度较快，池塘饲养小龙虾，经过 3~5 个月的饲养，成虾规格达到 30 克以上时，即可捕捞上市。3—4 月放养的幼虾，5 月底即可开始捕捞，7 月中旬集中捕捞，7 月底前全部捕捞完毕；9—10 月放养的小龙虾幼虾，到翌年 3 月即可开始捕捞，5 月底可捕捞完毕。

二、捕捞工具

小龙虾常见的捕措工具有地笼、虾笼、手抄网和拖网。

1. 地笼

常见的是用网片制作的软式地笼，每只地笼 20~30 米，由 10~20 个网格组成，方格用外包塑料皮的铁丝制成，每个格子两侧分别有两个倒须网，方格四周有聚乙烯网衣，地笼的两端结以结网，结网中间用圆形圈撑开，供收集小龙虾之用。进入地笼的虾由倒须网引导进入结网形成的袋头，最后倒入容器销往市场。不同网目的地笼能捕捞不同规格的虾，养殖户可根据自己的需要购买不同网目的地笼。

2. 虾笼

虾笼是用竹篾编制的直径为 10 厘米的"丁"字形筒状笼子。虾笼两端入口设有倒须，虾只能进不能出。在笼内投放味道较浓的饵料，引诱小龙虾进入，进行捕捉。通常傍晚放置虾笼，清晨收集虾笼，倒出虾，挑选大规格的小龙虾进行出售，小规格的放回池中继续养殖。

3. 手抄网

手抄网有圆形手抄网和三角形手抄网。三角形手抄网是把虾网上方扎成四方形，下方为漏斗状，捕虾时不断地用手抄网在密集生长的水草下方抄虾。

4. 拖网

由聚乙烯网片组成，与捕捞夏花鱼种的渔具相似。拖网主要用于集中捕捞。在拖网前先降低池塘水位，以便操作人员下池踩纲，一般水位降至 80 厘米左右为好。

三、小龙虾的捕捞方法

小龙虾的捕捞方法有很多，可用上述虾笼、地笼、手抄网等工具捕捉，也可拉网捕捞，最后再干池捕捞。在 3 月中旬至 7 月上旬，采用虾笼、地笼起捕，效果较好。进入 7 月中旬即可拉网捕捞，尽可能将池中达到规格的虾全部捕捞上来。7 月底以后，地笼捕捞虾量急剧减少，小龙虾在 8 月开始掘洞穴居。捕捞应采用捕大留小的方法，达不到上市规格的应留池继续饲养，以提高养殖的经济效益。

四、捕捞注意事项

（1）如果小龙虾掘洞进入地下，则不必强行捕捉，让其进入地下繁殖，没有必要挖洞捕捉，以免对池塘结构造成破坏。

（2）切忌使用"龙虾恨"等药物将虾逼出洞穴的方法进行捕捞。因为在捕捞前期，使用药物会使小龙虾产品有药物残留，影响产品质量甚至对消费者身体造成危害，不符合无公害水产品的规范要求。

（3）特别需要强调的是，小龙虾在捕捞前，池塘和稻田等养殖区域的防病治病要慎用药物，特别是严禁使用那些有害、易残留的药品。

（4）合理控制地笼的网目，以免网目太小损伤小龙虾，网目太大影响捕捞效果。

（5）地笼下好后，要定期检查，防止地笼中小龙虾过多而窒息死亡，并及时分拣，将不符合商品虾规格的小龙虾及时放回池塘中继续养殖。

第二节　小龙虾运输

小龙虾的运输分为幼虾（虾苗、虾种）运输与商品虾运输。幼虾运输目前常采用塑料周转箱加水草运输；也可以采用氧气袋充气运输，但需注意个体不宜过大，大个幼体头胸甲前部的额剑很容易刺破氧气袋，造成运输失败。商品虾由于生命力较强，离水后可以成活很长时间，因此其运输相对方便和简单。

一、幼虾运输

这是虾苗生产和市场流通的一个重要技术环节。通过运输，将虾苗快速安全地运送到养虾生产目的地。小龙虾幼虾的运输有干法运输和氧气袋充氧运输两种方式。

干法运输时，多采用竹篓、塑料篓或塑料泡沫箱。在容器中先铺上一层湿水草，然后放入部分幼虾，其上又盖上一层水草，再放入部分幼虾，每个容器中可放入多层幼虾。需要注意，用塑料泡沫箱作装虾容器时，要先在泡沫箱上开几个小孔，防止幼虾因缺氧而死亡。

氧气袋充氧运输时，氧气袋灌入适量水后，每个充氧尼龙袋装虾密度一般为300~2 000只，充足氧气即刻密封即可。运输用水最好取自幼虾培育池或暂养池的水。

二、成虾运输

运输小龙虾成虾多采用干法运输。首先，要挑选体格健壮、刚捕捞上来的小龙虾进行运输。用竹筐或塑料泡沫箱作运输容器均可，最好每个竹筐或塑料泡沫箱装同样规格的小龙虾。先将小龙虾摆上一层，用清水冲洗干净，再摆第二层，摆到最后一层后，铺上一层塑料编织袋，浇上少量水后，撒上一层碎冰（1.0~1.5千克），盖上盖子封好。用塑料泡沫箱作为装成虾的容器时，要事先在泡沫箱上开几个孔。

三、注意事项

为了提高运输的成活率，减少不必要的损失，在小龙虾的运输过程中要注意以下4点。

（1）在运输前必须对小龙虾进行挑选，尽量挑选体格强壮、附肢齐全的个体进行运输。

（2）需要运输的小龙虾要进行停食和暂养，让其胃肠内的污物排空，避免运输途中的污染。

（3）选择合适的包装材料，短途运输只需用塑料周转箱，中途保持湿润即可；长途运输必须用带孔的隔热硬泡沫箱加冰、封口，使其在低温下运输。

（4）包装过程中要放整齐，堆压不宜过高，一般不超过40厘米，否则会造成底部的虾因挤压和缺氧而死亡。

第八章　小龙虾病害防治

第一节　小龙虾疾病诊断

常见虾病的发病部位表现在体表、附肢和头胸甲内，目检能直接看到虾的病状和寄生虫情况。但为了诊断准确，还要深入现场观察。

一、现场调查

对于患病的小龙虾水体，进行水质理化指标检测，包括溶氧、氨氮、硫化氢、pH 值等。对养殖环境、虾苗来源、水源、发病历史与过程、死亡率、用药情况等进行现场调查与分析，归纳分析可能的致病原因，排除非病原生物致病因素。

二、体表检查

已患疾病的小龙虾，体质明显瘦弱，且体色变黑，活动缓慢，有时群集一团，有时乱窜不安，这可能是寄生虫的侵袭或水中含有危害物质所引起的。及时从虾池中捞出濒死病虾或刚死不久的虾，按顺序从头胸甲、腹部、尾部及螯足、步足、腹肢等仔细观察。从体表上很容易看到一些大型病原体。如是小型病原体，则需要借助显微镜进行镜检。

三、实验室诊断

对于肉眼或显微镜无法诊断的患病虾样本，可冰上保存送至专业性实验室进行实验室内的诊断，借助现代生物学研究设备与诊断技术进行小龙虾疾病的诊断。

第二节　小龙虾发病原因与防治措施

一、发病原因

1. 病原

（1）病毒。研究表明，淡水螯虾体内中存在多种病毒，部分病毒可以导致螯虾较大的死亡率。已见报道的从淡水螯虾体内发现的病毒有脱氧核糖核酸类病毒、核糖核酸病毒等。部分种类的病毒在淡水螯虾体内广泛存在，例如，通常 100% 的淡水螯虾都可能携带有贵族螯虾杆状病毒。有些病毒可能对淡水螯虾具有致病性，如寄生于淡水螯虾肠道的核内杆状病毒就可能具有高致病性。在恶劣的养殖环境下，即使毒力比较低的病原生物也可能引起淡水螯虾的疾病发生，或者对其正常的生长带来障碍，如红螯螯虾杆状病毒就能导致生长迟缓的现象发生。

（2）细菌。细菌性疾病通常被认为是淡水螯虾的次要的或者是与养殖环境恶化有关的一类疾病，因为大多数细菌只有在池水养殖环境恶化的条件下，才能增强其致病性，从而导致淡水螯虾各种细菌性疾病的发生。细菌性疾病主要有菌血症、细菌性肠道病、细菌性甲壳溃疡病、烂鳃病等。

（3）立克次体。已经报道的在淡水螯虾体内发现的类立克次体有两种类型：一种是在淡水螯虾体内全身分布的，最近被命名为螯虾立克次体，这已经被证明与澳洲红螯螯虾的大量死亡相关；另一种寄生在淡水螯虾胰腺上皮，目前只在一尾澳洲红螯螯虾标本中观察到，是否会导致淡水螯虾患病或者大量死亡，尚不明确。

（4）真菌。真菌是淡水螯虾经常报道的最重要的病原生物之一，"螯虾瘟疫"就是由这类病原生物引起的，某些种类的真菌还能够引起淡水螯虾发生另外一些疾病。同细菌引发淡水螯虾发病相似，真菌引起淡水螯虾发病也与养殖环境水质恶化有关。可以通过采用改善养殖水体水质的措施，达到有效控制真菌致病蔓延的目的。真菌所引起的疾病主要有螯虾瘟疫和甲壳溃疡病（褐斑病）。

（5）寄生虫。分为原生动物和后生动物。从淡水螯虾体内发现的原生动物病原主要包括微孢子虫病原、胶孢子虫病原、四膜虫病原和离口虫病原，他们通过寄生或外部感染的方式使淡水螯虾得病。寄生在淡水螯虾体内的这些原生动物能否使淡水螯虾得病取决于螯虾所处的环境，可以通过改善环境的措施如换水或者减少养殖水体中有机物负荷来达到有效控制原生动物病的目的。

寄生在淡水螯虾体内的后生动物包括复殖类（吸虫）、绦虫类（绦虫）、线虫类（蛔虫）和棘头虫类（新棘虫）等蠕虫。大多数寄生的后生动物对螯虾健康的影响并不大，但大量寄生时可能导致淡水螯虾器官功能紊乱。

2. 养殖环境恶化

（1）水质恶化。养殖水体中各种藻类，因光照不足，泥土、污物等流入，引起藻类生长不旺盛，水体自净能力下降，部分藻类因长时间光照不足及泥土的絮凝作用而下沉死亡，在微生物作用下进行厌氧分解，产生氮、亚硝酸盐、硫化氢等有害物质，使水体中这些有害物质浓度上升，超过一定浓度，会使养殖的小龙虾发生慢性或急性中毒，正在蜕壳或刚完成蜕壳的小龙虾容易引起死亡。

如未能恰当地进行水质调节，导致水质恶化；平时没有进行正常的疾病预防，病后乱用药物；发病后未能做到准确诊断和必要的隔离；死虾未及时处理，未感染的虾由于摄食病虾尸体而被传染，这些都能导致疾病的发生或发展。

（2）重金属污染。淡水螯虾对环境中的重金属具有天然的富集功能。这些重金属通常从肝胰脏和鳃部进入体内，并且相当大量的重金属尤其是铁存在于淡水螯虾的肝胰脏中。在上皮组织内含物中也存在大量的铁，甚至可能严重影响肝胰脏的正常功能。

养殖水体中高水平的铁是淡水螯虾体内铁的主要来源，肝胰脏内铁的大量富集可能对淡水螯虾的健康造成影响。

尽管淡水螯虾对重金属具有一定的耐受性，但是一旦养殖水体中的重金属含量超过了淡水螯虾的耐受限度，也会最终导致淡水螯虾中毒身亡。工业污水中的汞、铜、锌、铅等重金属元素含量超标是引起淡水螯虾重金属中毒的主要原因。

（3）化肥农药污染。稻田养虾因一次性使用化肥（碳酸氢铵、氯化钾等）过量时，能引起小龙虾中毒。中毒症状为虾起初不安，随后狂烈倒游或在水面上蹦跳，活动无力时随即静卧池底而死。

养虾稻田用药或用药稻田的水源进入虾池，药物浓度达到一定量时，都会导致虾急性中毒。症状为虾竭力上爬，吐泡沫或上岸静卧，或静卧在水生植物上，或在水中翻动立即死亡。

3. 其他因素

大多数发病水体存在着未及时进行捕捞，留存虾密度很高，水草少、淤泥多等情况。此外，养殖水体中的低溶氧或溶氧量过饱和可导致淡水螯虾缺氧（严重时窒息死亡）。概括起来有以下3点。

（1）清塘消毒不当。放养前，虾池清整不彻底，腐殖质过多，使水质恶化；放养时，虾种体表没有进行严格消毒；放养后没有及时对虾体和水体进行消毒，这些都给病原体的繁殖感染创造了条件。引种时未进行消毒，可能把病原体带入虾池，在环境条件适宜时，病原体迅速繁殖，部分体弱的虾就容易患病。刚建的新虾池，未用清水浸泡一段时间就放水养虾，可能使小龙虾对水体不适而患病。

（2）饲料投喂不当。小龙虾喜食新鲜饲料，如饵料不清洁或腐烂变质，或者盲目过量投饵，加之不定时排污，则会造成虾池残饵及粪便排泄物过多，引起水质恶化，给病原细菌创造繁衍条件，导致螯虾发病。此外，饵料中某种营养物质缺乏也可导致营养性障碍，甚至引起螯虾身体颜色变异，如淡水螯虾由于缺乏类胡萝卜素就可能出现机体苍白。

（3）放养规格不当。若苗种虾规格不整齐，而且池塘本身放养密度过大、投饲不足，则会造成大小虾相互斗殴而致伤，为病原菌进入虾体打开了"缺口"。

二、防治措施

1. 生态预防

选择适宜的养殖地点建造养殖环境。养殖地点要求地势平缓，以黏性土质为佳。建造的池塘坡比为 1：1.5，水深 1.0~1.8 米。水源要求无污染，pH 值为 6.5~8.5，水体总碱度不低于 50 毫克/升。为保证有足够的地方供亲虾掘洞，同时也要进排水方便，面积比较大的水域可在池中间构筑多道小池埂，所筑之埂，有一端不与主池梗相连接，使小池埂之间相通。这样，在养殖密度较高时，通过一个注水口即可使整个池水处于微循环状态，便于管理。

种植或移植水草。池塘种植水草的种类主要是轮叶黑藻、伊乐藻、苦草等水草，可以两种水草兼种，即轮叶黑藻和苦草或者伊乐藻和苦草。覆盖面积为 2/3。如果因小龙虾吃光水草或其他原因水草被破坏，应及时移植水花生、水葫芦等。

水质调节。注意水体水质的变化，勿使水质过肥，经常加注新水，保持水质肥、活、嫩、爽。

2. 免疫预防

目前，关于水产甲壳动物的机体防御机制尚未完全明了，能准确把握甲壳动物健康状态的科学方法也尚待确立，这给确立水产甲壳动物的免疫防疫对策造成了一定的障碍。

3. 药物预防

药物预防是对生态预防和免疫预防的应急性补充预防措施，原则上对水产动物疾病的预防是不能依赖药物预防的。这是因为除了部分消毒剂外，采用任何药物预防水产动物的疾病，都有可能污染养殖水体或者导致水产动物致病生物产生耐药性。因此，采用药物预防水产动物疾病只是在不得已的情况下采取的措施。

采用消毒剂对养殖水体和工具，养殖动物的苗种、饲料和食场等进行消毒处理。目的就在于消灭各种有害微生物，为水产养殖动物营造出卫生而又安全的生活环境。

常用药物预防有如下 3 种方式。

（1）外用药预防。泼洒聚维酮碘、季铵盐络合碘或二氧化氯，每 10 天泼洒一次，可交替使用，剂量参照商品说明书。

（2）免疫促进剂预防。对于没有发病的小龙虾，饲料中添加免疫促进剂进行预防，如 β-葡聚糖、壳聚糖、多种维生素合剂等，可提高小龙虾的抗病力。

（3）内服药物预防。每 15 天可以用中药（如板蓝根、大黄、鱼腥草混合剂，等比例分配药量）进行预防。中药需要煮水拌饲料投喂，使用剂量为每千克虾体重 0.6~0.8 克，连续投喂 4~5 天。如果事先已将中药粉碎混匀，在临用前用开水浸泡 20~30 分钟，然后连同药物粉末一起拌饲料投喂效果更佳。中药种类繁多，结构复杂，成分多样。研究表明，中药不但含有大量的生物碱、挥发油、苷类、有机酸、鞣质、多糖、多种免疫活性物质和一些未知的促生长活性物质，而且还含有一定量的蛋白质、氨基酸、糖类、矿物质、维生素、油脂、植物色素等营养物质。这些成分可以促进动物机体的新陈代谢和蛋白质、酶的合成，从而加速水产动物的生长发育，提高免疫力，增强体质，降低疾病发生率和死亡率。

大黄：抗菌作用强，抗菌谱广，有收敛、增加血小板、促进血液凝固及抗肿瘤作用。用于防治草鱼出血病、细菌性烂鳃病、白头白嘴病和抗肿瘤病等。

五倍子：有收敛作用，能使皮肤黏膜、溃疡等局部的蛋白质凝固，能加速血液凝固而达到止血作用，能沉淀生物碱，对生物碱中毒有解毒作用。抗菌谱广，作为水产动物细菌性疾病的外用药。

辣蓼：抗菌谱广，用于防治细菌性肠炎病。

穿心莲：有解毒、消肿止痛、抑菌止泻及促进白细胞吞噬细菌功能。药用全草，防治细菌性肠炎病。

地锦草：有很强的抑菌作用，抗菌谱广，并有止血和中和毒素的作用。药用全草，用于防治细菌性肠炎病和细菌性烂鳃病。

大蒜：有止痢、杀菌、驱虫作用。用于防治细菌性肠炎病。

楝树：含川楝素，有杀虫作用，药用根、茎叶，用于防治车轮虫病、隐鞭虫病等。

铁苋菜：全草含铁菜碱，有止血、抗菌、止痢、解毒等功效，药用全草，防治细菌性肠炎病等。

第三节　小龙虾主要疾病诊断与防治

一、病毒性疾病

1. 病因

病毒性疾病通常由病毒感染引起。

2. 症状

患病初期病虾螯足无力、行动迟缓、伏于水草表面或池塘四周浅水处；解剖后可见少量虾有黑鳃现象、普遍表现肠道内无食物、肝胰脏肿大、偶尔见有出血症状（少数头胸甲外下缘有白色斑块），病虾头胸甲内有淡黄色积水。

3. 发病特点

发病时间为每年4—5月。主要流行于长江流域，多发于养殖密度较大的水体。该病害的发生与养殖水体环境和养殖水温的提高与日照的增长有密切关系。

4. 预防措施

（1）放养健康、优质的种苗。种苗是小龙虾养殖的物质基础，是发展健康养殖的关键环节，选择健康、优质的种苗可以从源头上切断病毒的传播链。

（2）控制合理的放养密度。放养密度过大，虾体互相刺伤，病原更易入侵虾体；此外大量的排泄物、残饵和虾壳、浮游生物的尸体等不能及时分解和转化，会产生非离子氨、硫化氢等有毒物质，使溶解氧不足，虾体体质下降，抵抗病害能力减弱。

（3）改善栖息环境，加强水质管理。移植水生植物，定期清除池底过厚淤泥，勤换水，使水体中的物质始终处于良性循环状态。此外，还可以定期泼洒生石灰或使用微生物制剂如光合细菌、EM 菌等，调节池塘水生态环境。在病害易发期间，用 0.2% 维生素 C、1%的大蒜、2% 强力病毒康，加水溶解后用喷雾器喷在饲料上投喂；如发现有虾发病，应及时将病虾隔离，控制病害进一步扩散。

5. 治疗方法

（1）用聚维酮碘全池泼洒，使水体中的药物浓度达到 0.3 ~ 0.5 毫克/升。

（2）用季铵盐络合碘全池泼洒，使水体中的药物浓度达到 0.3 ~ 0.5 毫克/升。

（3）采用二氧化氯 100 克溶解在 15 千克水中后，均匀泼洒在 1 亩（按平均水深 1 米计算）水体中。

（4）聚维酮碘和二氧化氯可以交替使用，每种药物可连续使用两次，每次用药间隔两天。

二、黑鳃病

1. 病因

水质污染严重，虾鳃受真菌感染所致。此外，饲料中缺乏维生素 C 也会引起黑鳃病。

2. 症状

鳃逐步变为褐色或淡褐色，直至全变黑，鳃萎缩；患病的幼虾趋光性变弱，活动无力，多数在池底缓慢爬行，腹部卷曲，体色变白，不摄食。患病的成虾常浮出水面或依附水草露出水外，行动缓慢呆滞，不进洞穴，最后因呼吸困难而死亡。

3. 治疗方法

（1）用亚甲基蓝 10 克/米³ 溶水全池泼洒。

（2）用 1 毫克/升漂白粉全池泼洒，每天一次，连用 2~3 次。

（3）每 1 千克饲料拌 1 克土霉素投喂，每天一次，连喂 3 天。

（4）用 0.1 毫克/升强氯精全池泼洒一次。

（5）用 0.3 毫克/升二氧化氯全池泼洒。

（6）用 3%~5% 的食盐水浸洗病虾 2~3 次，每次 3~5 分钟。

三、烂鳃病

1. 病因

由丝状细菌引起。

2. 症状

细菌附生在病虾鳃上并大量繁殖，阻塞鳃部的血液流通，妨碍呼吸。严重时鳃丝发黑、霉烂，引起病虾死亡。

3. 治疗方法

（1）经常清除虾池中的残饵、污物，避免水质污染，保持良好的水体环境。

（2）漂白粉全池泼洒，使池水浓度达到每立方米水体 2~3 克，治疗效果较好。

（3）虾病用高锰酸钾药浴 4 小时，药浴水体浓度为每升水 3~5 毫克。池中病虾较多时用高锰酸钾全池泼洒，使池水浓度达到每立方米水体 0.5~0.7 克，6 小时后换水 2/3。

（4）用茶籽饼全池泼洒，使池水浓度达到每立方米水体 12~15 克，促使小龙虾脱壳后换水 2/3。

四、烂尾病

1. 病因

小龙虾受伤、相互残杀或被几丁质分解细菌感染所致。

2. 症状

感染初期小龙虾尾部有水疱，边缘溃烂、坏死或残缺不全，随着病情的恶化，溃烂逐步由边缘向中间发展，感染严重时，整个尾部溃烂脱落。

3. 治疗方法

（1）用 15~20 毫克/升茶饼浸液全池泼洒。

（2）每亩用生石灰 6~8 千克化水后全池泼洒。

（3）用强氯精等消毒剂化水全池泼洒，病情严重的，连续泼洒 4 次，每次间隔 1 天。

五、烂壳病

1. 病因

由甲壳素质分解，假单胞菌、气单胞菌、黏细菌、弧菌或黄杆菌感染所致。

2. 症状

感染初期小龙虾虾壳上有明显溃烂斑点，斑点呈灰白色，严重溃烂时呈黑色，斑点下陷，出现较大或较多的空洞，导致内部感染，甚至死亡。

3. 治疗方法

（1）先用 25 毫克/升生石灰水全池泼洒一次，3 天后再用 20 毫克/升生石灰水全池泼洒一次。

（2）用 15~20 毫克/升茶饼浸泡后全池泼洒。

（3）每千克饵料用 3 克磺胺间甲氧嘧啶拌饵，每天两次，连用 7 天后停药 3 天，再投喂 3 天。

（4）每立方米水体用 2~3 克漂白粉全池泼洒。

（5）用 2 毫克/升福尔马林溶液浸洗病虾 20~30 分钟。

六、虾瘟病

1. 病因

虾瘟病通常由真菌感染引起。

2. 病症

小龙虾的体表有黄色或褐色的斑点，且在附肢和眼柄的基部可发现真菌的丝状体，病原侵入虾体内部后，攻击其中枢神经系统，并迅速损害运动神经。病虾表现为呆滞、活动性减弱或活动不正常，容易造成病虾大量死亡。

3. 治疗方法

（1）用 0.1 毫克/升强氯精全池泼洒。

（2）用 1 毫克/升漂白粉全池泼洒，每天一次，连用 2~3 天。

（3）用 10 毫克/升亚甲基蓝全池泼洒。

（4）每千克饲料拌 1 克土霉素投喂，连喂 3 天。

七、褐斑病

1. 病因

褐斑病又称为黑斑病。由于虾池池底水质变坏，弧菌和单胞菌大量滋长，虾体被感染所引起。

2. 症状

小龙虾体表、附肢、触角、尾扇等处，出现黑、褐色点状或斑块状溃疡，严重时病灶增大、腐烂，菌体可穿透甲壳进入软组织，使病灶部分粘连，阻碍脱壳生长，虾体力减弱，或卧于池边，不久便陆续死亡。

3. 治疗方法

（1）连续两天泼洒超碘季铵盐（强可 101）0.2 克/米^3。同时每千克饲料中添加氟苯尼考（10%）0.5克，连续内服5天。

（2）虾发病后，用1克/米^{3}的聚维酮碘全池泼洒治疗。隔两天再重复用药一次。

八、纤毛虫病

1. 病因

主要是由钟形虫、斜管虫和累枝虫等寄生所引起的。

2. 症状

纤毛虫附着在虾和受精卵体表、附肢、鳃等器官上。病虾体表有许多棕色或黄绿色绒毛，对外界刺激无敏感反应，活动无力，虾体消瘦，头胸甲发黑，虾体表多黏液，全身都沾满了泥脏物，并拖着条状物，俗称"拖泥病"。如水温和其他条件适宜时，病原体会迅速繁殖，2~3天即大量出现，布满虾全身，严重影响小龙虾的呼吸，往往会引起大批死亡。

3. 治疗方法

（1）用四烷基季铵盐络合碘（季铵盐含量为50%）全池泼洒，浓度0.3毫克/升。

（2）用硫酸铜、硫酸亚铁（5∶2）0.7毫克/升全池泼洒。

（3）用螯合铜除藻剂0.5毫克/升，2~4小时药浴，有一定效果。

（4）用20~30毫克/升生石灰水全池泼洒，连用3次，使池水透明度提高到40厘米以上。

（5）全池泼洒纤虫净1.2克/米^3，过5天后再用一次，然后全池泼洒工业硫酸锌3~4克/米^3，过5天后再泼洒一次；以上两种药用过后再全池泼洒0.2~0.3克/米^{3}二溴海因一次；若纤毛虫很多，用1.2克/米^{3}的络合铜泼洒一次。

九、软壳病

1. 病因

小龙虾体内缺钙。另外，光照不足、pH值长期偏低，池底淤泥过厚、虾苗密度过大、长期投喂单一饲料；蜕壳后钙、磷转化困难，致使虾体不能利用钙、磷所致。

2. 症状

虾壳变软且薄，体色不红或灰暗，活动力差，觅食不旺盛，生长速度变缓，身体各部位协调能力差。

3. 治疗方法

（1）每月用 20 毫克/升生石灰水全池泼洒。

（2）用鱼骨粉拌新鲜豆渣或其他饲料投喂，每天一次，连用7~10 天。

（3）每隔半个月全池泼洒消水素（枯草杆菌）0.25 克/米^3。

（4）饲料内添加 3%~5%的蜕壳素，连续投喂 5~7 天。

十、蜕壳不遂

1. 病因

生长的水体中缺乏钙等元素。

2. 症状

小龙虾在其头胸部与腹部交界处出现裂缝，全身发黑。

3. 治疗方法

（1）饲料中拌入 1%~2%蜕壳素。

（2）饲料中拌入骨粉、蛋壳粉等增加饲料中钙质。

主要参考文献

黄鸿兵. 2019. 画说小龙虾养殖关键技术 [M]. 北京：中国农业科学技术出版社.

占家智，羊茜. 2019. 图说稻田养小龙虾关键技术 [M]. 北京：机械工业出版社.

邹叶茂，向世雄，陈朝. 2019. 小龙虾稻田高效养殖技术 [M]. 北京：化学工业出版社.